ORIENTAL COSTUMES
Their Designs and Colors

东方服饰之美

[德] 马克斯·蒂尔克 / 著

赵明铭 路 伟 / 译

U0325859

中央编译出版社
CCTP Central Compilation & Translation Press

图书在版编目 (CIP) 数据

东方服饰之美 /（德）马克斯·蒂尔克 （Max Tilke）
著；赵明铭，路伟译 . —北京：中央编译出版社，
2024.10
ISBN 978-7-5117-4629-0

Ⅰ.①东…Ⅱ.①马… ②赵… ③路…Ⅲ.①服饰美
学—研究Ⅳ.① TS941.11

中国国家版本馆 CIP 数据核字（2024）第 046090 号

东方服饰之美

图书策划	张远航	
责任编辑	周孟颖	
责任印制	李　颖	
出版发行	中央编译出版社	
网　　址	www.cctpcm.com	
地　　址	北京市海淀区北四环西路 69 号（100080）	
电　　话	（010）55627391（总编室）　　（010）55627318（编辑室） （010）55627320（发行部）　　（010）55627377（新技术部）	
经　　销	全国新华书店	
印　　刷	北京文昌阁彩色印刷有限责任公司	
开　　本	787 毫米 × 1092 毫米　1/16	
字　　数	80 千字	
印　　张	16.25	
版　　次	2024 年 10 月第 1 版	
印　　次	2024 年 10 月第 1 次印刷	
定　　价	128.00 元	

新浪微博：@中央编译出版社　　微　　信：中央编译出版社（ID：cctphome）
淘宝店铺：中央编译出版社直销店（http://shop108367160.taobao.com）（010）55627331

本社常年法律顾问：北京市吴栾赵阎律师事务所律师　闫军　梁勤
凡有印装质量问题，本社负责调换，电话：（010）55627320

P前言
PREFACE

　　服饰的发展史现已成为文化史研究中必不可少的重要因素。然而，服饰作为人类的一种发明，尚没有得到详尽的研究。当前，不仅仅是学识渊博的专家对它产生了兴趣，而且诸如艺术家、工匠、时装公司和戏剧界等越来越多的人开始对它日益感兴趣。赫尔曼·维斯（Hermann Weiss）在他的 *Kostümkunde*（1860—1872）一书中研究和分析了与各国普通文化生活相关的服饰，由此首次奠定了服饰研究的基础。诚然，在此基础上，研究者们已经做了很多新的和有价值的工作。然而，翻阅各种关于服饰传说的书籍时，人们会惊讶地发现，这些书籍并不完整，因为它们并没有展示真正的服饰图片。也就是说，这些书籍中呈现给读者的关于服饰本身的款式、剪裁以及单个部分连接的信息很少。另外，即使是书中有为数不多的服饰图片，也几乎总是被完全忽视。根据古老的东方服饰重构图案的情况少之又少。由于研究人员首先受到了老一辈艺术家提供的示意性图片的过度影响，并且对过去和现在的服装和服饰部分缺乏一个总体的概念，因此他们并没有妥善地去对待真实的发现。

没有比较，就难以去重构。因此，首先需要尽可能完整地去收集各国过去和现在服饰的图片。在前往北非、西班牙、巴尔干和高加索地区的旅行中，我在欧洲博物馆和私人藏品中发现的一些资料使得本书的图片得以完善，并最终形成了一个完整的系列。1911 年，我在柏林装饰艺术博物馆（Berlin "Kunstgewerbe" Museum）利珀海德服装馆（Lipperheide Costume Library）展出了我的第一批藏品。博物馆的负责人对我的藏品非常感兴趣，因此用国家提供的资金为馆内购买了这些藏品。

我们的服装图只呈现了东方过去和现在穿着的所有服装的一部分，未来还会继续补充。尽管如此，我试图选择呈现各个国家最引人注目、最具特色的服装，方便读者对东方服装的总体特征有一个大致的了解。仔细观察每张图并作比较之后，读者会毫不费力地找出属于某些文化地区的服装类型并辨别出它们的地理分布情况。观察这些图之后，读者会很轻松地发现一些相似度较高的服饰的大体地域分布，并且也会发现同一个国家内的服饰也存在很大的差异。诚然，历史的发展表明，各民族从最早期就开始迁徙，然后相互排挤，相互融合。事实上，一切被认为相似的东西都不可能是在一个地区发明并由此传播开来的。在人类发现类似需求和气候相同的地方，尽管会有局部修改，一定会出现款式相似的服饰。

研究服装时，首先应该看看有多少用装饰物标记或凸显的线缝，而不是去关注那些由于缺乏材料或类似原因而产生的接缝；然后应该仔细观察袖型、颈部的开缝、扣件、装饰和衣服的颜色。最古老的服装剪裁最为简单，接缝最少。一件较为复杂的服装的起源可以通过它的"特征核"去追溯——通过去掉接缝上的所有附属物，就能得到这个"特征核"。有意思的是，服饰的这些"特征核"——我称之为原型——与今天仍然穿着的服装相似。许多原型似乎属于某些文化圈，而其他形式的使用范围则非常广。由于许多国家当年的生活环境仍然与古代的环境相似，所以不难理解为什么古代的服饰款式被保留了下来。正如考古发掘吞噬了文化时代的不同阶层一样，某些民族的服饰也由不同文化圈和时代的款式组成。

例如，摩洛哥宽汗衫的"特征核"就与古罗马束腰外衣相对应。这种外衣的特点是颈部有垂直的开衩。再说回摩洛哥宽汗衫，它的袖子由两部分组成。束腰外衣的上部与古代达尔马提卡（dalmatica，罗马帝国晚期的一种宽袖束腰外衣）的上部相对应。达尔马提卡的袖子上增加了一块倾斜的布片，使得袖子沿手臂方向大大拉长。这块倾斜的布片采用叙利亚－阿拉伯风格，有可能是在阿拉伯对外征服战争期间传入北非。通过这种方式，一种新的服饰款式诞生，同时保留了当地古老服装的款式特征。如今，这种束腰外衣在摩洛哥仍然以"吉拉巴"（一种粗糙的柏柏尔衬衫）的形式存在，而达尔马提卡则通过大幅缩小尺寸被阿尔及利亚地区的女性作为一种宽松连衣裙穿着。阿尔及利亚地区女性穿着的束腰外衣和达尔马提卡的肩部仍然装饰有两条肩带，科普特人的衣服上也有这种带子。如今，这种带子已经被缝在浅色衬衫上的彩色缎带所取代。

　　这个例子就足以说明服饰的"特征核"。我在《东方服饰史研究》（*Studien zur orientalischen Kostümgeschichte*）一书中介绍了更多的详细信息，并且也在一定程度上更详尽地介绍了这本书中的图。这本书中每幅图的文字以及《东方服饰史研究》中的资料都旨在帮助读者了解东方服饰的发展史。由于寻找这些服饰中的名称难度较大，在旅程中我尽了最大努力去询问，但是毫无疑问，我收到的一些信息并不准确。每当我在博物馆的服饰藏品中发现有名称时，我都会记下来。如果众多读者中能有人指出这本书中未能提供名称的作品的名称，我将不胜感激。

　　比较遗憾的一点是，我只能根据地理分布情况来确定各类服饰的名称，这一点在服饰发展史中的重要性是不容置疑的。

　　在可行的情况下，书中展示的是服饰平铺展开的图片，从而较为清晰地展现它们的剪裁，也能方便裁缝和服装师再现同样的服饰。

　　我发现，最实用的图排列方法是根据服饰的地理分布情况进行排列。当然，也可以根据款式进行分类，这样能清晰展现出历史发展轨迹。但是，根据款式进行分类会或多或少地导致排列分散。因此，这本书根据服饰的地理分布情况进行了排列。

　　书中共呈现了两组服饰。一组是缝制而成，颈部采用开缝设计；另一组是一块材料，用来遮住部分或者整个头部。当然，剪裁和缝制的服饰比那些用作宽松披肩的服饰更容易再制，而后者需要通过或多或少的艺术性悬垂饰物才能体现出它们的款式。第一组服饰主要在书中随附的图中进行了展示，而第二组似乎更适合用来说明《东方服饰史研究》一书中的文字。

　　我之所以首先研究东方服饰，是因为这些服饰为研究单个款式服饰的发展历程提供了很好的材料。有了这些材料，我们不仅可以追溯从款式简单的披肩到复杂的复合型服装等各类服饰的渐进演化历程，还可以了解只有一个纽扣的原始服饰是如何通过在新款式中增加装饰物和接缝而发展的。

　　如果我现在能够出版一本新的服装集，同时在我的《东方服饰史研究》中展示一些原型的构造及其在服饰发展史中的作用，我一定要衷心感谢那些在我的工作中给予我衷心帮助的机构和人士。首先，我要感谢柏林民族博物馆馆长阿尔伯特·格伦威德尔（Albert Grünwedel）博士，他多年来一直协助我进行调查研究；同样要感谢柏林民族博物馆的勒科克（Le Coq）教授和安克尔曼（Ankermann）教授。另外，我还要感谢著名的德格（Doege）教授，他曾是柏林装饰艺术博物馆利珀海德服装馆馆长，生前他从初期就对我的收藏产生了兴趣。

MAX TILKE

柏林，1922 年夏

图 1 北非摩洛哥
吉拉巴（djellabia 或 djellaba）

带风帽的外衣，通常采用粗羊毛制成，是连帽斗篷的替代品；有灰褐色、灰色或黑色条纹，边缘多为黄色或红色，饰有绿色和红色流苏。Riff Kabyles 身着饰有黄色穗带和彩色流苏的深棕色吉拉巴。摩洛哥城镇居民一般喜欢蓝布制成的吉拉巴。穗带通常为深红色。"mokhasznia"（当地宪兵）以及旅行者将吉拉巴套在长方形布上。

蒂尔克（Tilke）藏品。

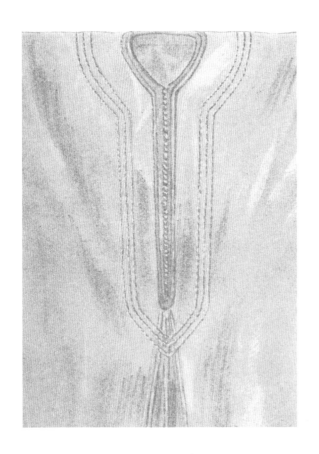

图 2　北非摩洛哥
"farasia"

　　衬衫连衣裙，袖口宽大，胸前采用纽扣设计，采用质地轻盈透明的布料制成，通常采用束带设计。摩洛哥的富人经常穿剪裁类似的布制衣服。这类衣服可以像背心（sedria）一样扣上扣子。这种布衣也被称为卡夫坦（kaftan），酒红色、橄榄绿、浅蓝色或棕色最受欢迎。

　　在摩洛哥，人们用专门编制的一种叫"medshul"的羊毛绳将武器挂在肩上。图中弯曲的匕首叫作库姆米（kumia）。

　　蒂尔克藏品。

图 3　北非摩洛哥
吉拉巴及卡米衫（kamis 或 gamis）

方形吉拉巴是马格里布的特色服装，领口采用横开口设计，可用绳子系在颈侧。与长宽衬衫一样，方形吉拉巴是男性的专属。图片中的吉拉巴采用细条纹粗羊毛制成，有的也用白色或蓝色棉布制成。长宽衬衫是一种带袖子的吉拉巴，当作衬衫来穿。

原作现藏于柏林民族博物馆。

图 4 北非阿尔及利亚
非正规骑兵连帽斗篷

红色欧洲布料，饰有金色绳索、穗带和流苏。衣角衬有彩色丝绸，前缝衬底共有三种颜色。北非常见的连帽斗篷（在摩洛哥也被称为"sulham"）由白色羊毛或棉布制成，也有人穿黑色、棕色和蓝色。富裕的城镇居民穿着与其衣服颜色相搭配的布制连帽斗篷。在阿尔及利亚南部或突尼斯，自然白、灰色或黑色的竖条纹羊毛连帽斗篷较为常见。

蒂尔克藏品。

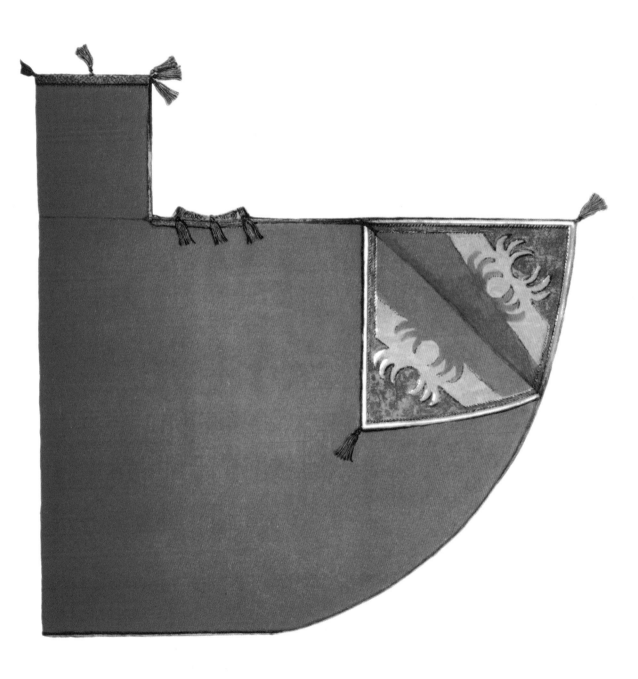

图 5　北非阿尔及利亚

犹太女性锦缎长裙和阿尔及利亚女式平纹布衬衫

犹太女性锦缎长裙，肩部有扣，腹部饰有刺绣。阿尔及利亚女式平纹布衬衫，通常饰有 5 厘米宽的彩色缎带，从肩部一直延伸到下接缝。最受欢迎的缎带颜色包括红色、绿色、紫色或橙色。

威廉·根茨（W. Gentz）（东方风景画家）藏品。

图 6　北非阿尔及利亚

束腰外衣：哈巴亚（habayah）或吉拉巴；背心："ssedria"或"firmla"；裤子："sserual"

阿尔及利亚农村地区的特色内衣，通常采用浅白色棉质材料制成。人们会根据需要在外面套上长方形布或连帽斗篷。

蒂尔克藏品。

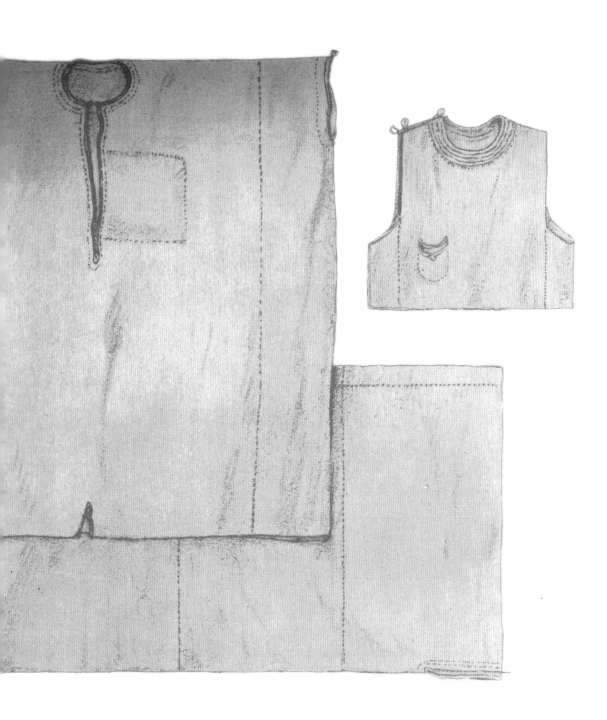

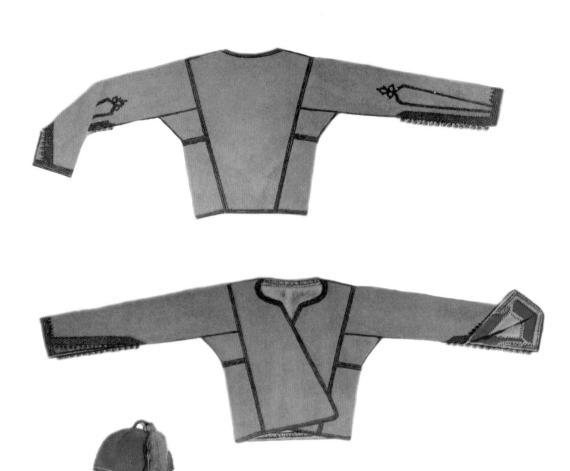

图 7　北非突尼斯

夹克：吉莉拉（ghlila）；裤子："sserual"；背
心："ssedria" 或 "firmla"；鞋："begha"；
帽子：希希亚（shishia）

突尼斯夹克和裤子均为布制，夏款采用白色亚麻
布或棉布制成。背心的材质通常与衣服的其余部分相
同。北非男性的鞋子为黄色，而女性的多为红色，绿
色较为少见。突尼斯的希希亚帽更显圆，而摩洛哥的
则更显尖。

蒂尔克藏品。

图 8 北非突尼斯

卡萨比亚（kasabia，gasabia）和连帽夹克
（hood-jacket）

　　卡萨比亚是工人阶级、小店店员、骆驼客等穿着
的服装，由棕色、灰色或白色的较为粗糙的长方形布
料制成，饰有白色羊毛镶边。由于连帽斗篷过于宽大，
穿着不方便，因此繁忙的流动摊贩等人群穿连帽夹克
来取代连帽斗篷。连帽夹克套在卡萨比亚或普通衣服
外面。突尼斯的马车夫穿的是带有红色内衬的蓝色款。
　　引自突尼斯图画。

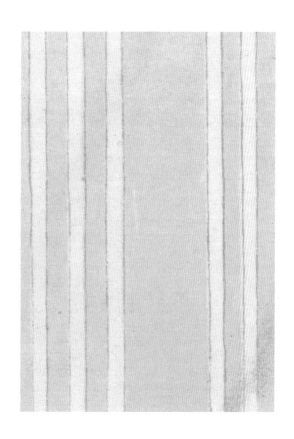

图 9　北非突尼斯
坎杜拉（kandura 或 gandura）

坎杜拉通常采用长方形布制成。与农村居民不同，城市居民更喜欢采用长方形布制成的酒红色坎杜拉，上面饰有绿色或黄色衣边。

突尼斯有钱人内穿西装，外搭采用欧洲布料制成且色彩相宜的坎杜拉。灰蓝色、粉色和淡紫色最受欢迎。丝绸制成的穗带通常要比衣身暗一些。

蒂尔克藏品。

图 10 苏丹西部，多哥
无袖托布（sleeveless tobe）

多哥的一种特色男性服饰。衣服的下半部分参照
中世纪长袍的设计通过开口的方式加宽。在苏丹西部，
人们用一块长方形的布充当斗篷，由五六块缝制在一
起的窄布条组成。其中一块布宽 140 厘米，长 210 厘
米。人们一般直接将其宽松地披在身上。

原作现藏于柏林民族博物馆。

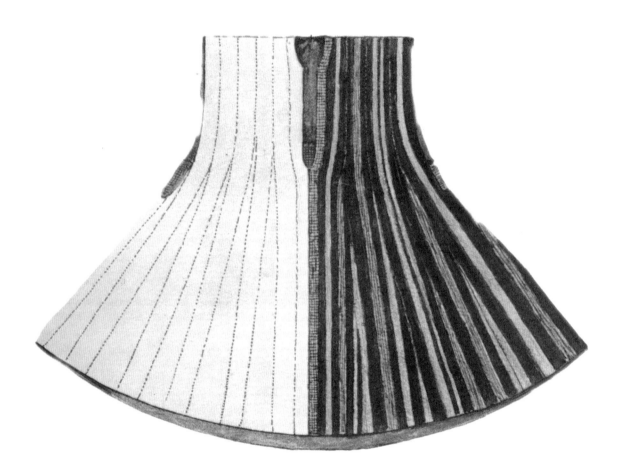

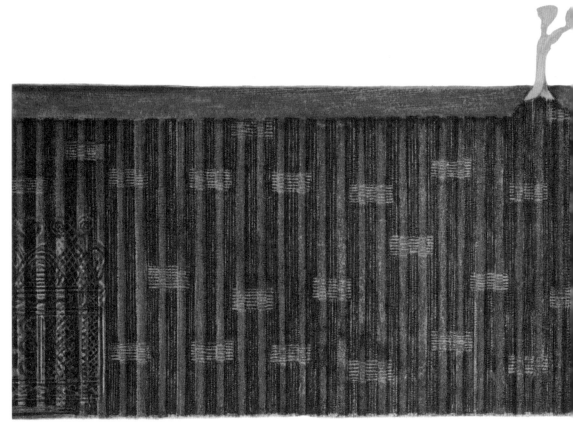

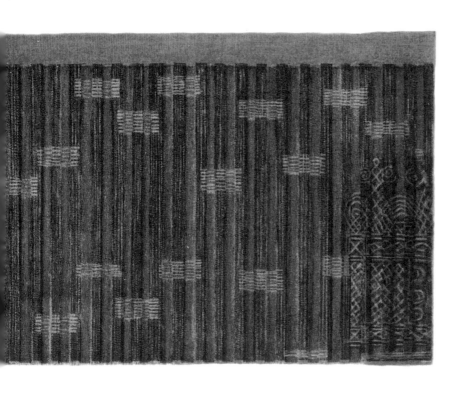

图 11 苏丹
白豪萨长裤（white Haussa trousers）

一种非洲长裤，由多个窄布条缝制而成，根据不
同的颜色装饰有不同的刺绣，与托布类似。

原作现藏于柏林民族博物馆，之前为蒂埃里
（Thierry）藏品。

图 12　苏丹，博尔努
女式刺绣衬衫

博尔努女式刺绣衬衫，采用靛蓝色布料或白色纯棉布料制成，饰有非常独特且雅致的蓝色丝棉刺绣，采用宽袖设计，下半部分的刺绣图案是一件上衣（下摆饰有流苏），并且有多条项链装饰。印度服装上也有类似的装饰图案。参见图 86 和 93。

原作现藏于柏林民族博物馆，之前为纳赫蒂加尔（Nachtigall）藏品。

图 13　苏丹，博尔努
珠鸡托布（guinea-fowl tobe）

采用生丝或纯棉制成。非洲托布（African tobe）是由 4~5 厘米宽的羊毛条（gabag）并使用当地窄幅织机编织而成。博尔努托布（Bornu tobe）分为白色和靛蓝色。装饰物、刺绣和透孔织物通常是白色，并且遮盖衣身上的大胸袋。托布上的刺绣用白色材料和靛红色布条编织在一起，使得整块托布基本呈绿色。托布采用宽袖设计，袖子根据要求以褶皱的方式垂在肩部。由纳赫蒂加尔编写的 *Sahara und Sudan*（第 1 卷 642 页及后文）一书中详细介绍了托布。

原作现藏于柏林民族博物馆，之前为弗莱格尔（Flegel）藏品。

图 14 阿比西尼亚

沙马（shama）及连帽斗篷（hood-cloak）

沙马是一大块长方形的披肩，用柔软的白色棉布
织成，人们会根据天气情况用沙马裹住身体。连帽斗
篷是一种小款呢斗篷，斗篷上绣有阿比西尼亚风格的
彩色丝棉。

原作现藏于柏林民族博物馆。

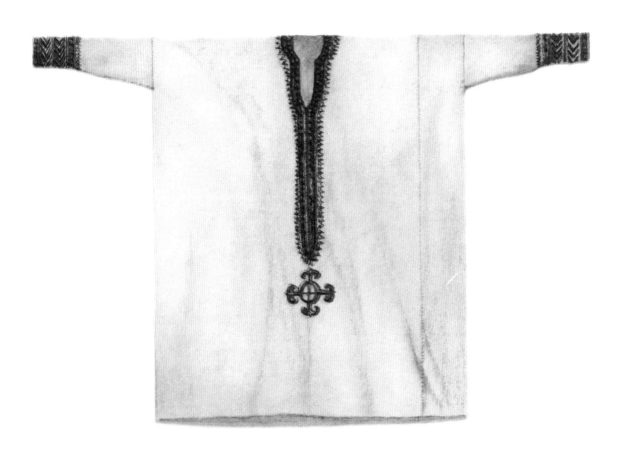

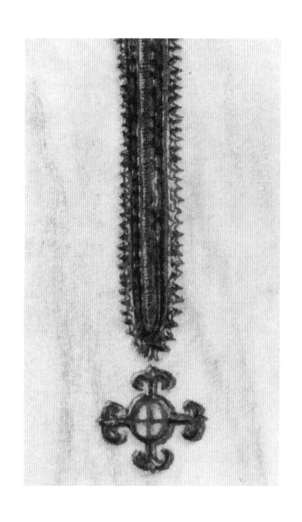

图 15　阿比西尼亚
女式绣花衬衫

　　阿比西尼亚地区的一种女式衬衫，和沙马一样，都是由双层折叠的柔软棉质材料制成。颈部和袖子末端的开口饰有用链形针钩织的丝绸刺绣。这类衬衫通常与斜面长裤搭配，裤子从小腿到脚踝都采用系扣设计，上面的刺绣一直延伸到膝盖部位。

　　原作现藏于柏林民族博物馆，之前为 Rohlf 藏品。

图 16 苏丹
乌姆杜尔曼战士上衣（warrior's blouse
from Omdurman）

一种棉质服装，用彩色装饰材料装饰。前面和后
面的护身符布袋以及颈部开口处的特色三角形均用布
料裁剪而成，并用彩色线绳装饰。上衣的剪裁与图 18
展示的埃及衬衫类似，颈部开口与阿富汗和印度北部
地区的衬衫类似（参见图 84 和 92）。

原作为蒂尔克藏品，现藏于柏林民族博物馆。

图 17 埃及
女式宽松服饰

通常采用染成蓝色的棉布制成，唯一的装饰物是用粗织丝棉缝合在颈部和胸骨开口处的饰边。有钱的女性会穿交织着丝绸条纹的黑色棉质款，或者穿着塔夫绸和波纹绸款。

威廉·根茨藏品。

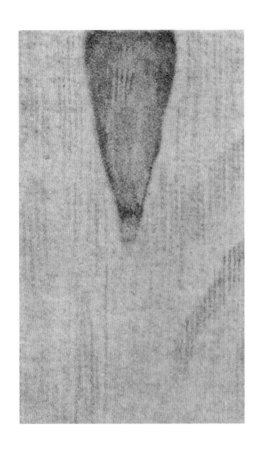

图 18　埃及

男式衬衫

一种现代埃及特色服装，采用黑棉制成。由于采用了嵌饰设计，袖笼部位要比下一幅图中的服饰更紧。

蒂尔克藏品。

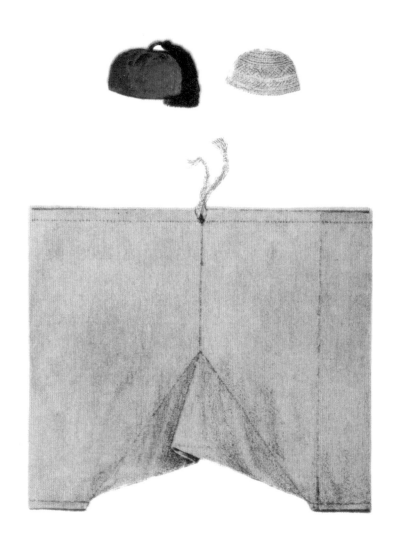

图 19　埃及

男式衬衫，蓝色毛织物

现代埃及人的特色服装。

根据原服饰重制。

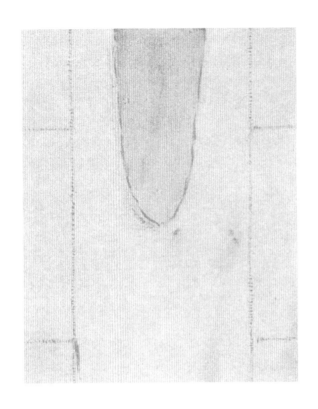

图 20　埃及

白色亚麻或棉质宽松版男式衬衫（卡米衫）

　　在埃及较为流行，尤其是在阿拉伯国家的农夫中
较为流行，同样还有染成蓝色的紧身衬衫。

　　威廉·根茨藏品。

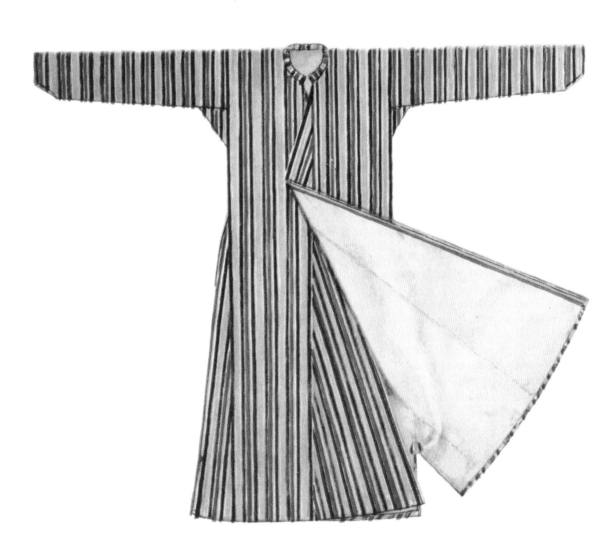

图21 埃及
卡夫坦及汗背心

卡夫坦是近东地区最常见的服饰之一，始终用一根布腰带捆绑，一般是有地位的人和中产阶级的专属。

男式卡夫坦仅使用条纹棉或半真丝面料制成，衬里均为苎麻面料。以前用绸缎或锦缎制成的卡夫坦很受欢迎，其中带有白色或黄色条纹的深红色或紫红色卡夫坦最受欢迎（参见图38中的汗背心）。

这张图中展示的卡夫坦采用沙特阿拉伯地区的粗纤度半真丝面料制成。几乎所有卡夫坦都有一条5厘米宽的白色或黄色的垂直缝线，缝线约为一只手掌的宽度。

卡夫坦一般与背心、衬衫和裤子搭配，外搭"djubbeh"（一种袍服）（参见图23）或宾尼什（binish）（参见图22）；在小亚细亚和叙利亚，人们还会搭配短款"salta"夹克（参见图39）。旅行者更喜欢在卡夫坦外面穿一件能防尘或防风雨的阿拉伯式斗篷（aba）。

蒂尔克藏品。

图 22　埃及

宾尼什，布料外套，采用宽袖设计，多数在下面开衩

　　和卡夫坦一样，宾尼什在整个近东地区非常常见，通常是深色或灰色，没有衬里和内衬，但有浅色丝绸装饰；学者和牧师通常用它当作上装。主要流行国家和地区包括埃及、叙利亚、小亚细亚和土耳其、阿拉伯西部地区。

　　威廉·根茨藏品。

图 23 埃及

"djubbeh" 或 "gibbeh"，布料外套，正视图和
背视图

　　和宾尼什一样，"djubbeh" 是套在卡夫坦上的一
种外套，基本都是用布料制成，但它的剪裁和窄袖设
计较为复杂，与宾尼什不同。最受欢迎的 "djubbeh"
颜色包括酒红色、棕色、灰色和蓝色。它主要在土耳
其有地位的人中较为流行。高加索南部地区的库尔
德人喜欢在 "djubbeh" 的胸部编上金色的土耳其风
辫子。

　　威廉·根茨藏品。

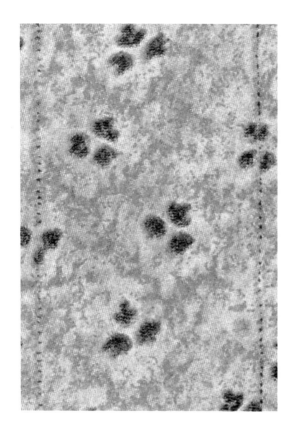

图24 埃及和近东地区
"yelek"，印花棉制女式卡夫坦，内衬为苎麻
面料

质量上乘的女式"yelek"由珍贵的真丝面料制
成，另外，也有用金银线织锦缎制成的。女式卡夫坦
的颈部采用开缝设计，开缝一直延伸到胸部，从胸部
到腰部沿前缝有多粒纽扣和花边，使得腰部设计更为
贴合身形，并有较为偏上的侧开衩，露出女性里面穿
的宽松长裤（参见图40）。前面的部分往往会导致不
便，因此经常搭在下臂上。穿"yelek"时，人们会用
布面料的披肩束紧。

"yelek"内搭衬衫，外搭"djubbeh"或宾尼什。
这些女款更为贴合身形，并且通常比男款颜色更鲜艳。
女式"djubbeh"通常由天鹅绒或丝绸制成，并用金色
穗带和刺绣装饰。

威廉·根茨藏品。

图 25 古埃及
从新王国时期（约公元前 1400 年）的一座
坟墓中出土的一件衬衫

这件衣服与前面展示的东方服饰的款式相同，较为简单，并且与希罗多德（公元前 5 世纪的古希腊作家、历史学家）提到的卡拉西里斯（kalasiris）完全相同。它由一块在中间折叠的亚麻细布布片制成，布片一直从两边缝到腋窝部位。褶皱的中间为颈部狭缝或圆形开口。卡拉西里斯通过系腰带的方式将褶皱集中在前面。

原作现藏于柏林民族博物馆（埃及馆）。

图 26 古埃及

科普特束腰外衣（Coptic tunic），从公元前
400 年左右的一座坟墓中发掘而出

　　橘黄色羊毛制成的长袖束腰外衣（sleeve tunic），
上面饰有类似织锦的编织图案。颈部开口为横开口，
与罗马束腰外衣的开口类似。衣身的侧缝以及袖子侧
缝都采用捻起来的羊毛线裁剪。紫色束腰外衣和天然
色羊毛束腰外衣都很受欢迎。其中，天然色羊毛款饰
有棕紫色图案。科普特束腰外衣采用古罗马设计风格，
通常在颈部开口处有竖条纹设计，一直延伸到下摆。

　　原作现藏于柏林新博物馆。

图 27 古埃及和近东地区
波斯斗篷，由有光泽的细羊毛制成
（从公元前 6 世纪的一座埃及坟墓中发掘而出）

这件衣服的超长袖子设计符合亚洲人的习俗，表明了它是一件来自东方的服饰。其腋窝部位采用了开口设计，波斯－高加索和印度服装中也有这种设计。胸襟可以打结，让人联想到印度安加尔卡（angarkha，印度一种古老的宫廷装）的一种设计风格（参见图95）。这件斗篷的背面采用一片式设计，裁剪方法与现代土耳其"djubbeh"（一种袍服）或宾尼什相同。斗篷上穗带的纺织方法类似于土库曼人的帐篷地毯（tent-carpnet），上面的装饰图案也是波斯西北部的风格。

原作现藏于柏林新博物馆，现经馆长许可发布这张图。

图 28　古埃及和近东地区
从一座埃及坟墓中出土的波斯裙

这件衣服用亚麻布制作，"核心部位"设计有侧边。袖子采用现代波斯风格，朝手腕方向倾斜。在颜色、图案和制作方式上，羊毛穗带与现代土库曼帐篷布和地毯相似。颈部开口的版型与阿富汗衬衫（参见图 84）、贝拿勒斯的女式衬衫（参见图 92）以及乌姆杜尔曼的战士束腰外衣的版型非常相似。腿部的遮盖物是红色或棕色毛毡，系在臀部一根线绳上，下面带装饰物。

原作现藏于柏林新博物馆，现经馆长许可发布这张图。

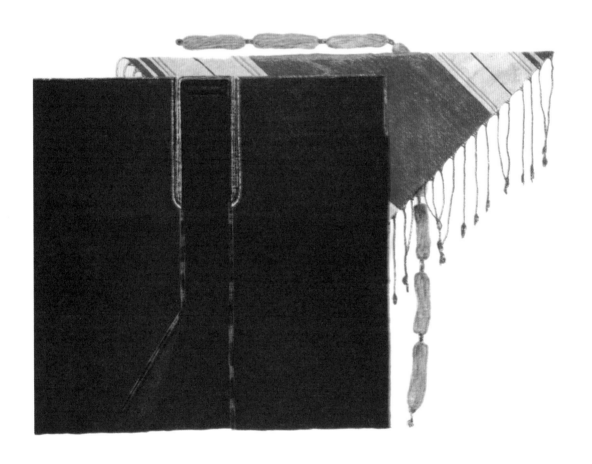

图 29　阿拉伯东部地区
（阿拉伯人穿的）长袍，阿拉伯式斗篷（aba）；
科菲亚帽（kofia）和"ogal"

　　图中的"aba"采用黑色硬质呢料子制成，由两块布缝制而成。肩缝、颈部开缝和前缝都用丝线和刺绣装饰（参见细节）。图中展示的阿拉伯式长袍被上层阶级用作斗篷。

　　"kofia"或"kefijeh"是一块正方形的棉布，由纵条纹的丝绸交织而成，两侧固定有比较细的线绳，线绳上带有小巧流苏。"kofia"是斜戴的，从而使上面的线绳垂落到肩部和背部。

　　"ogal"用于将"kofia"固定在头上。它通常由天然颜色的驼毛制成，周围每隔一段距离缠绕着丝绸、金线或银线。巴勒斯坦和叙利亚地区的"ogal"由一个用黑羊毛包裹的环状卷组成，在头上折叠两次。"aba""kofia"和"ogal"在美索不达米亚、叙利亚、巴勒斯坦、阿拉伯和埃及都较为常见。

　　原作现藏于柏林民族博物馆。

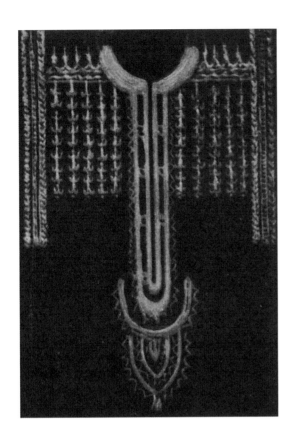

图 30　阿拉伯半岛，也门

也门山区的女式衬衫坎尼斯（kanis）

这件衬衫采用有光泽的靛蓝色棉布制成，袖子和博尔努地区妇女穿的衬衫（参见图 12）的袖子一样，都比较宽大。上面的刺绣采用白色棉线编织，并以红色和黄色的针脚加以点缀。刺绣在背面的两道条纹之间形成一个三角形图案，与阿富汗妇女穿的彩绘衬衫风格相同（参见图 86）。颈部和胸部的开口用金线和铜线镶边装饰。

由于衬衫的染色效果很差，白色的刺绣线很容易变脏，并被染成浅蓝色。除了宽袖版之外，还有一些版型的袖子在袖口处收窄。妇女通常在衬衫下穿同样颜色的衬裤，衬裤的裤腿很紧。"sub"是一种白色褶皱裙，袖子很长。

原作现藏于柏林民族博物馆，之前为 Schweinfurth 藏品。

图 31 和 32　叙利亚和美索不达米亚
大马士革地区阿拉伯式长袍的正视图和背视图

这件阿拉伯式长袍是一种漂亮的金色刺绣服装，叙利亚和阿拉伯贵族将其作为出席盛会的礼服。图中样品所采用的天然色的精细呢料子是用金色和彩色的线编织而成的。

出席盛会时所穿的阿拉伯式长袍中，最受欢迎的配色是：黑色、金色和深红色，棕金色、深红色和绿色，浅蓝色和金色，浅蓝色和银色，红色配金色，酒红色、银色和金色，白色和银色，以及其他颜色。

有些阿拉伯式长袍采用螺纹丝绸和莫尔纹制作。叙利亚、美索不达米亚和波斯西部出产最华丽的盛会长袍。

威廉·根茨藏品。

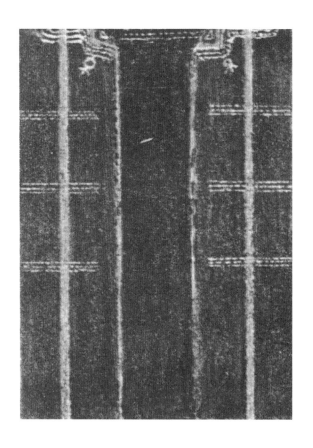

图 33　叙利亚，巴勒斯坦，美索不达米亚
条纹款阿拉伯式长袍

———————

　　常见的阿拉伯式长袍一般是棕色和白色条纹款，
肩缝、颈部开口和中缝都绣有彩绸，胸部的横向条纹
让人想起土耳其民族服装上的青蛙。

　　除了棕色白色条纹款之外，黑白条纹的阿拉伯式
长袍主要是叙利亚的贝都因人穿，此外单色的白色、
棕色或深蓝色也很受欢迎。面料是各种不同品质的
羊毛。

　　蒂尔克藏品。

图 34 叙利亚
一件来自大马士革地区的"mashla"

这套服装由精细的或较粗糙的单色毛织品制成，带有细条纹。它的背部和胸部上方的接缝处交织着类似织锦颜色的线条。它是一种外套，一些男性将它套在卡夫坦外面，也有女性套在衬衫外面。"mashla"和阿拉伯式长袍一样，也是由两块布组成，但要比后者紧得多，也更短，而且还设计有短袖。除了彩色和带装饰的"mashla"之外，有些"mashla"还带有简单的白色、棕色或黑白条纹，这些条纹的面料与图33中的阿拉伯式长袍的面料一样。这种服装在高加索南部和美索不达米亚南部的交界地带较为常见。

威廉·根茨藏品。

图 35　叙利亚，巴勒斯坦，美索不达米亚
一件采用尖袖设计的男式白色棉衬衫

这种衬衫通常穿在阿拉伯式长袍的里面，衬衫袖子的长角从袖孔中伸出。从高加索南部地区一直到阿拉伯东部都有人穿这种衬衫。

威廉·根茨藏品。

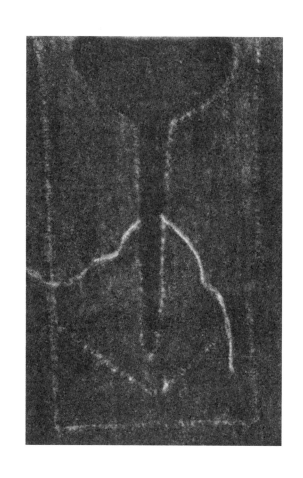

图 36　叙利亚，巴勒斯坦
采用尖袖设计的女式蓝色粗棉布衬衫

这件衬衫的袖子用一块布裁剪而成，与上一幅图中的衬衫袖子设计相同，接缝处通常用五颜六色的丝线装饰。

耶路撒冷当地的女性曾穿着以类似方式剪裁的服装，但尺寸很大。她们以古代波斯人的方式把衣服束起来，并将上袖口在颈部后面绑在一起。因此，衣服上就产生了非常优美的褶皱。

威廉·根茨藏品。

图 37 巴勒斯坦

带有彩色丝棉缝线的女式蓝色羊毛衫

这种衣服可以当作衬衫穿，版型与 "mashla" 一样，但是要更长，并且在胸部采用了不开缝的设计。接缝处用彩色丝线缝制，使之更加生动有趣。

威廉·根茨藏品。

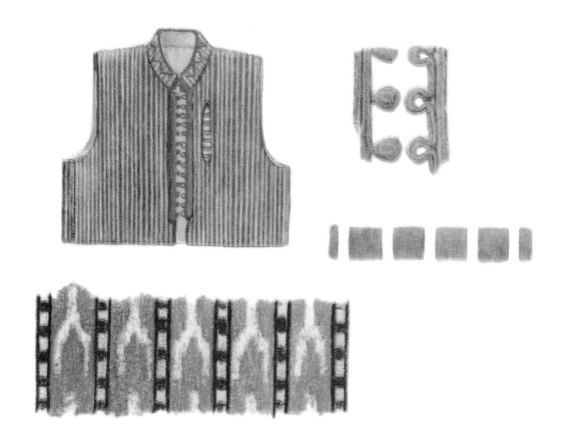

图 38 叙利亚，巴勒斯坦，美索不达米亚
两件来自巴格达的卡夫坦面料背心

这两件背心是整个近东地区最为流行的版型。它
们多数是由卡夫坦面料制成，但有的跟半截衫（upper-
jacket）一样，由单色布制成。

一排梨形纽扣，用纺织材料包裹着，所有纽扣扣
成环，形成一种独具特色的扣法。材料是 3 毫米宽的
丝线。

原作现藏于柏林民族博物馆。

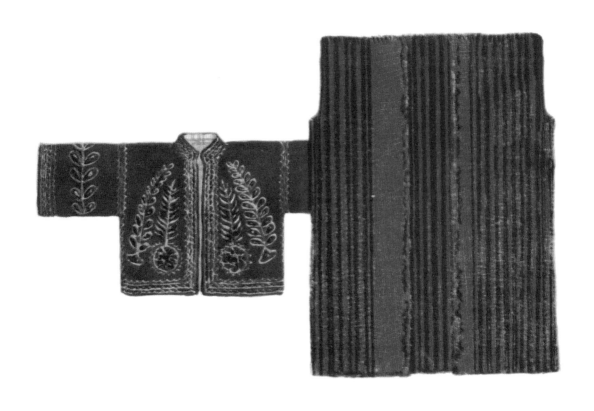

图 39　叙利亚，巴勒斯坦，美索不达米亚
三种版型的夹克

左图是一种叫作"salta"的衣服，上面有彩色和
金色的缝线。这件夹克来自伯利恒地区，但是整个近
东地区的女性都穿这种版型的衣服。中间展示的是一
件坎肩，采用粗羊毛面料制成，有肩缝。右图展示的
是一件男式"salta"，采用粗羊毛面料制成，注意其肩
缝和侧片，常见款式更紧（参见图88中的款式）。

威廉·根茨藏品。

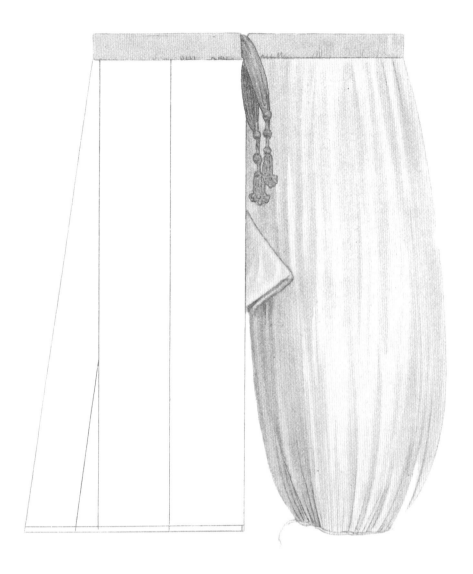

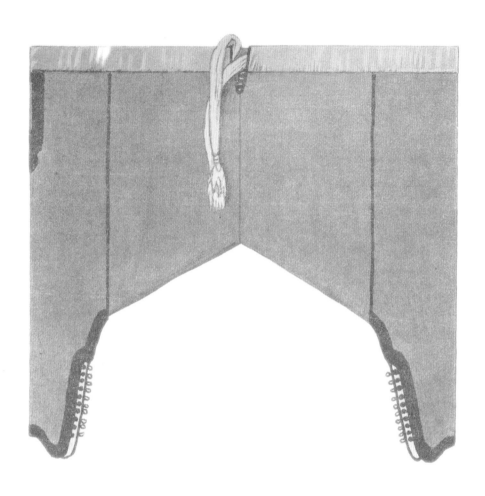

图40 土耳其、叙利亚、巴勒斯坦和埃及
塔夫绸女式宽松长裤，土耳其男式棉布长裤

塔夫绸女式宽松长裤：近东地区的女式长裤，有
的用单色条纹丝绸制成，有的用单色印花棉布制成；
裤子用一条可以拉动的绳子（"dikkeh"）绑在臀部周
围；裤子的下半部分被拉起，用布条穿过下摆卷在膝
盖以下；然而，由于裤子的长度较长，尽管是绑起来
的，但却一直到脚，或几乎拖地。

土耳其男式棉布长裤：这种裤子设计有加长部分，
裁剪类似鞋罩，可以用扣子扣在腿上。

威廉·根茨藏品。

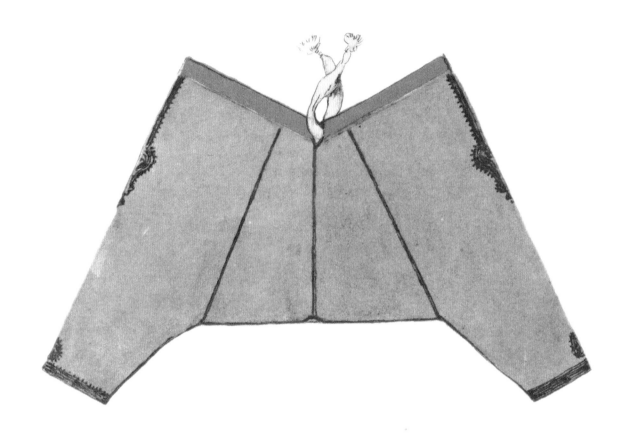

图 41　土耳其，叙利亚，美索不达米亚
三条剪裁不同的男式长裤

展开的这一条是棉布长裤，属于斜面长裤。巴格达产的这种裤子由天然彩色羊毛或苎麻制成。

来自 Nupairier 山脉（美索不达米亚西北部）地区的长裤，用非常粗糙的红色棉质布料制成，交织着深蓝色竖条纹和黄色横条纹，裤脚用一根蓝色绳子抽成褶。

原作现藏于柏林民族博物馆。

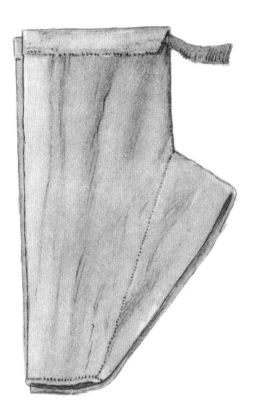

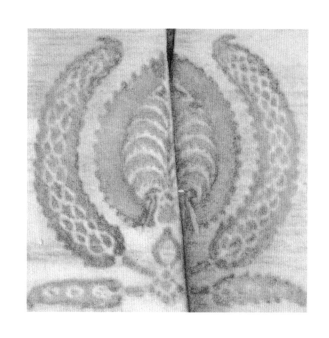

图 42 土耳其
古老的土耳其节日外套

这种有特色的罩袍是 16 世纪至 19 世纪苏丹或上层阶级所穿的土耳其服装。长长的空袖管表明这件衣服源于亚洲。通过侧边的开缝，人们可以将手臂放进卡夫坦或"entari"的袖子里。用布、天鹅绒或丝绸制成的上衣，饰以黑貂，在土耳其宫廷中非常流行。

原作现藏于柏林民族博物馆。

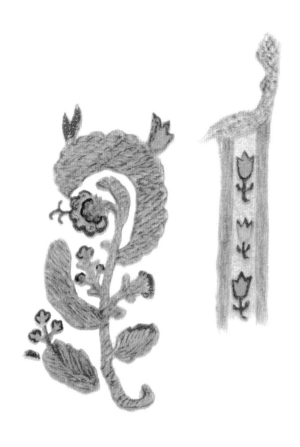

图 43　小亚细亚

来自士麦那地区的防尘斗篷（dust-mantle）

　　这件衣服的版型与"mashla"相同，用棉布制成，上面交织着粗糙的淡黄色丝绸条纹。袖子上有网状的镂空图案。斗篷胸部和衣领周围的接缝是按照小亚细亚"国礼级别的毛巾"风格缝制的。

　　原作现藏于柏林民族博物馆。

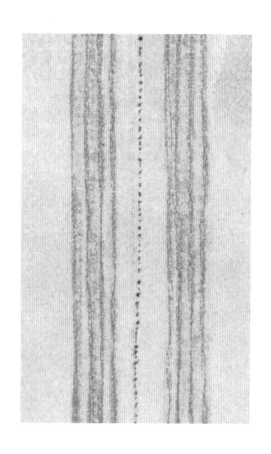

图 44　土耳其，小亚细亚

高加索南部卡尔斯地区的土耳其女式衬衫和鞋子

衬衫采用所谓的细面纱材料制成；衣身和袖子通过一块笔直的材料加长，设计非常新颖，并且加长部分与衬衫两边连接在一起。

土耳其女鞋是棕黄色的。

原作现藏于第比利斯高加索博物馆。

图 45　土耳其，小亚细亚

卡尔斯地区的土耳其男式夹克

男式夹克，款式与"djubbeh"非常相似，也是用布制成。最受欢迎的颜色是蓝色和灰蓝色。有时这种夹克也搭配颜色较深且具有实用性的线绳作为装饰。

原作现藏于第比利斯高加索博物馆。

图 46　土耳其，小亚细亚

土耳其裤子

这条裤子的款式为直筒裤，由蓝色布料制成，装饰以低调的黑色线绳。一根羊毛抽绳穿过棉质褶边（顶部），在裤腰部位抽出褶皱。一条单色条纹或格子编织腰带系于裤子褶边上。

原作现藏于第比利斯高加索博物馆。

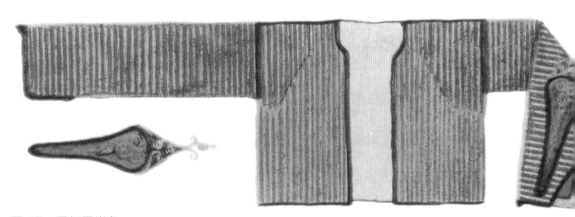

图 47 巴尔干半岛
来自巴尔干半岛西部的内穿夹克和背心

"djamadan"，无袖布背心，长度到胸部以下，亚
洲样式（参见图 103）。

坎肩，材质为棉布，有金银线镶边。波斯尼亚和
黑塞哥维那地区较为常见。

来自阿尔巴尼亚地区带有直缝和黑色丝线镶边的
马甲（参见图 38）。

"mintan"，带袖内穿夹克，通常由条纹面料制成，
穿在"djamadan"里面。波斯尼亚和黑塞哥维那地区
较为常见。

蒂尔克藏品。

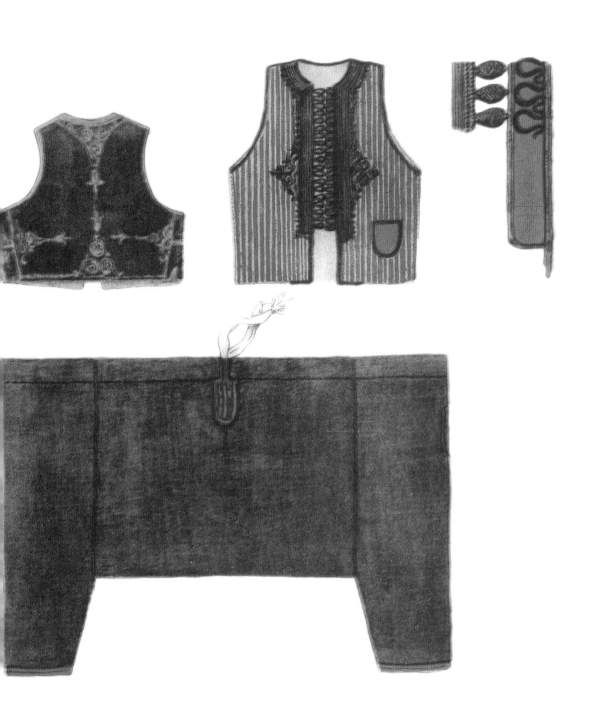

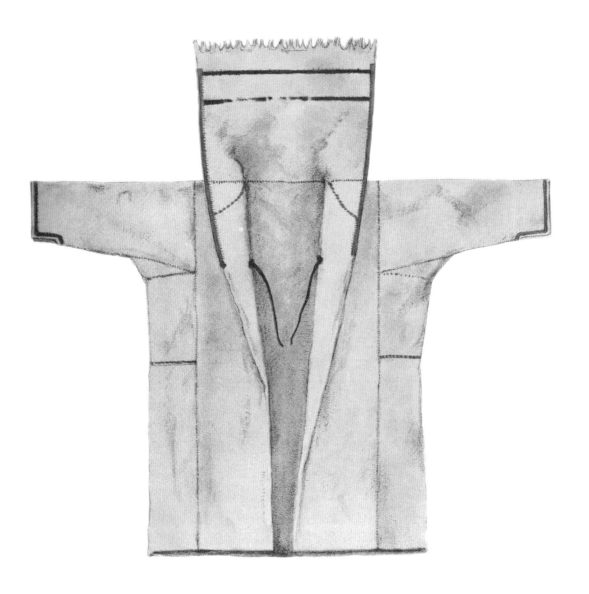

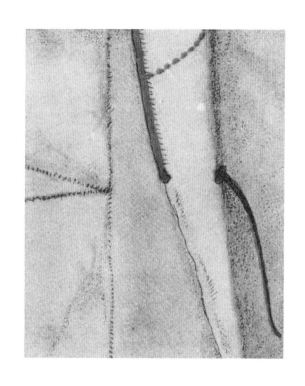

图 48　欧洲东南部
来自匈牙利西北部的牧羊人斗篷

这件斗篷再现了芬兰斗篷的古老版型。颈部的设计很有特色。俄罗斯东北部的切雷米斯人（Cheremissians）也穿这种款式的斗篷。

原作为私人藏品。

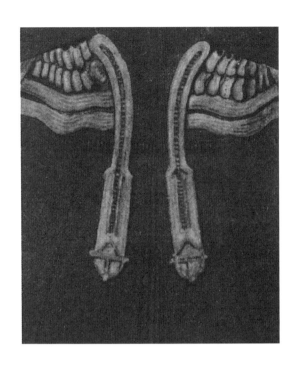

图 49　高加索中部
格鲁吉亚男式服装

格鲁吉亚第比利斯地区一位富人穿的节日服装，面料为精细黑蓝色羊毛，非常厚实且针法紧密。衣服上半身比较靠下的位置缝有小褶皱，全身以丰富的金色穗带装饰，精致有品位。这种穗带以高加索地区所谓的板式编织制成。

原作现藏于第比利斯高加索博物馆。

图 50　高加索中部

切克斯卡（cherkesska），高加索民族服饰

　　这种紧身衣通常用针法紧密的羊毛制成。最受欢迎的颜色包括黑色、深蓝色、灰色和棕色，有时也用红色、白色和赭色的面料。胸前有战时曾用来装子弹的弹袋。即使在和平年代，城市工匠所穿的这种衣服也保留了空弹袋。切克斯卡外面系着一条较窄的皮带，中间挂着具有民族特色的匕首。切克斯卡里面搭配衬衫、裤子和半罩袍（参见图 69），外面搭配肥大的半圆形风雨衣，即布尔卡（burka）（参见图 52）。

　　原作现藏于第比利斯高加索博物馆。

图 51　高加索中部
克黑苏上衣

———————————————————

　　由厚实的黑蓝色羊毛面料制成，有布边、穗带和
白色小瓷扣。颈部的装饰开口像波斯–印度衬衫一样
从侧面系扣（参见图 82 和 90）。

　　克黑苏人喜欢佩戴十字架作为衣服的装饰。上
衣侧面开衩，腋下开口设计颇具古波斯风格（参见
图 27）。

　　右侧为带有彩色布边的克黑苏羊毛长裤。

　　原作现藏于第比利斯高加索博物馆。

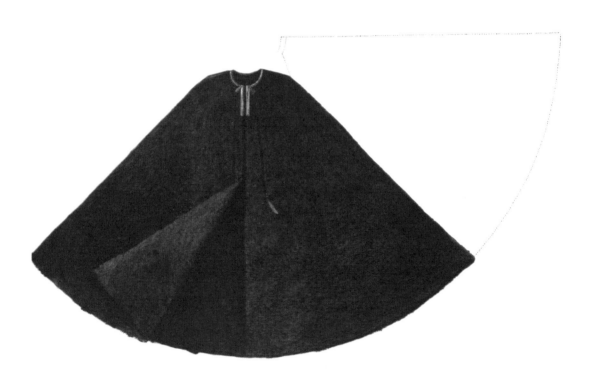

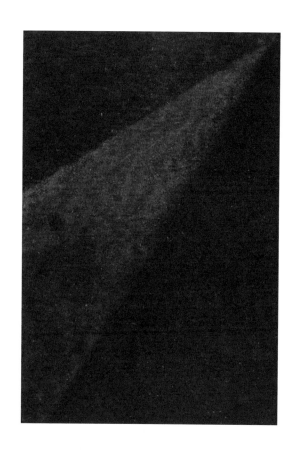

图 52　高加索中部
布尔卡（burka）

布尔卡是高加索人穿的防风雨斗篷，呈半圆形，肩部缝有一块较为贴合的三角布。布尔卡的面料为羊毛毡料，羊毛一面有时朝外，看起来有点像猎人服饰。

最受欢迎的颜色是黑色或黑棕色，极少有白色的。脖领开口处和胸部接缝一般装饰有金色穗带。内侧和肩部通常衬有丝绸或印花布。巴什里克（bashlik）是布尔卡的附加部分。它是一个风帽，两端围于脖颈（参见图 53）。

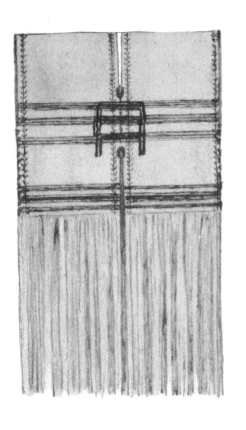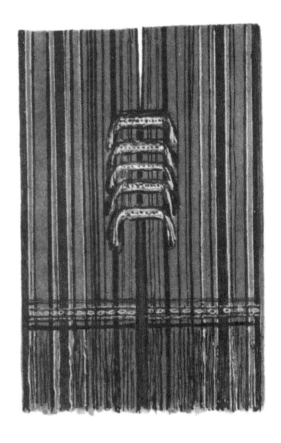

图 53　高加索中部
三件巴什里克（bashlik）

　　巴什里克与切克斯卡、布尔卡、帕帕卡（papache）
羊羔毛帽一样属于高加索民族服装。多数巴什里克由
天然色羊毛制成，有时也用棉布制成。用棉布制成的
巴什里克在边缘处用高加索金银穗带或金色绲边装饰。
巴什里克可像风帽一样佩戴。它的末端当作披肩使用，
或者像杜尔班（turban，一种头巾）一样裹在头上。
　　根据原作绘制。

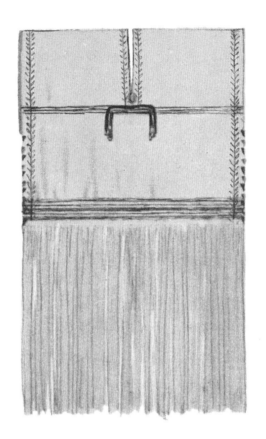

图 54　高加索中部

一件来自第比利斯的女性服饰，始于 19 世纪的

格鲁吉亚

　　这套服饰由带有丝绸条纹的卡夫坦布制成。紧身胸衣部分的衬里面料为蓝色法兰绒，袖子面料为灰色丝绸。袖口开衩，前面和下面的接缝用绿色丝绸镶边，袖子用黑色穗带装饰。臀部上方略微突出，为典型的波斯风格。

　　原作现藏于第比利斯国家剧院服装部。

图 55　里海大草原

一位卡尔默克（Calmuck）女性穿的罩衣

这件罩衣由紧身胸衣和下裙两部分组成，面料为
黑色缎面，内衬灰褐色法兰绒。镶边是高加索银色穗
带或次一等的锦缎窄条。紧身胸衣前面用土耳其—蒙古
风格的全银珠花边系紧。

原作现藏于斯塔夫罗波尔博物馆。

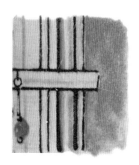

图 56　里海大草原
卡尔默克女式衬衣（"tshonor"）

　　这件衬衫是用红色花纹的中国丝绸制成的，胸部边缘和袖口装饰有高加索穗带。胸部的全银珠花边也是由相同的面料制成的。该服装的褶皱设计从腋窝一直延伸到臀部（参见图 112）。

　　原作现藏于斯塔夫罗波尔博物馆。

图 57　里海大草原

诺盖尔（Nogair）女式卡夫坦

这件衣服有高加索半罩袍（beshmet）或 "archaluk"
的剪裁风格（参见图 69）。面料为丝绸，内衬印花布。
除了夹克式接缝外，卡夫坦还采用竖绗缝设计。袖子和
接缝处衬有另一种颜色的丝绸。紧身胸衣的前部用金属
扣（由土耳其—蒙古金银珠花边演变而来）扣上，下面
的皮革或布片上缝有装饰性银色圆片。

原作现藏于斯塔夫罗波尔博物馆。

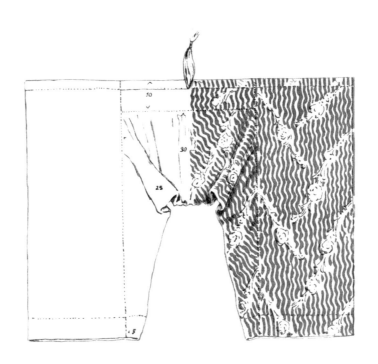

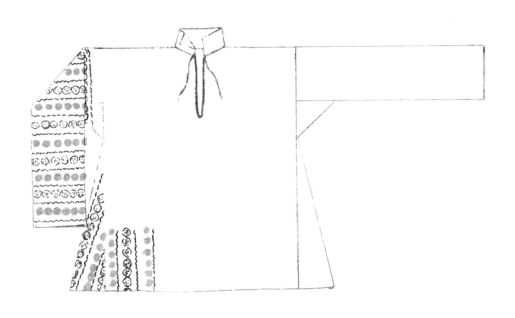

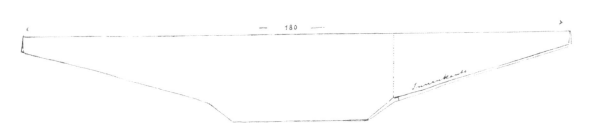

图 58　里海大草原
诺盖尔-鞑靼衬衫（Nogair-Tartar shirt）
和女式长裤

这件衬衫的面料为印花卡夫坦，衣领非常高。

这条裤子的面料为印花布。剪裁非常有趣，腿部和前部加宽，能与土耳其衬衫相搭配（参见图44）。

原作现藏于第比利斯高加索博物馆。

图 59　里海大草原
土库曼男童庆典套装

———————————

　　采用高加索半罩袍（beshmet）的剪裁方式。面料为绗缝丝绸。下摆和接缝用高加索银色穗带和绿色丝带做褶边。

　　斯塔夫罗波尔地区的土库曼人非常喜欢色彩鲜艳的服装。半圆形女式斗篷上通常有橙色、黄色、白色、紫色、深红色、蓝色等各种颜色组成的图案。

　　原作现藏于第比利斯高加索博物馆。

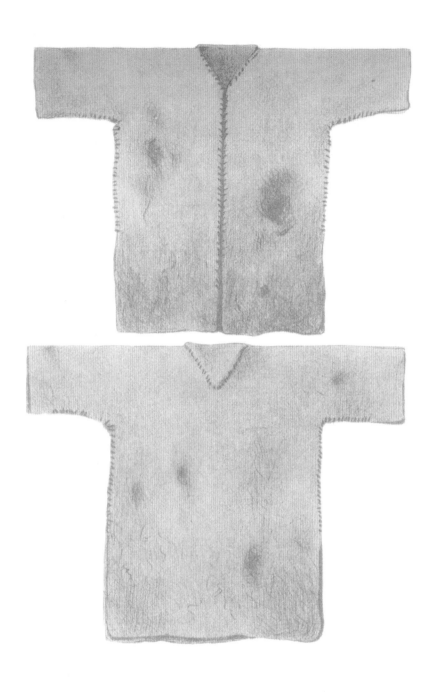

图 60　高加索东南部
早期披风 "tchopus"

这件简易牧羊披风由一块像十字架的毛毡通过折
叠然后将两边裁剪缝合而成。
根据第比利斯高加索博物馆购买的原作重制。

图 61　高加索东南部
鞑靼女式短款夹克连衣裙

　　这件连衣裙由橙色天鹅绒制成，内衬黄色丝绸，
饰有高加索穗带和蕾丝质地的金色穗带。剪裁具有波
斯风格。

　　原作现藏于第比利斯高加索博物馆。

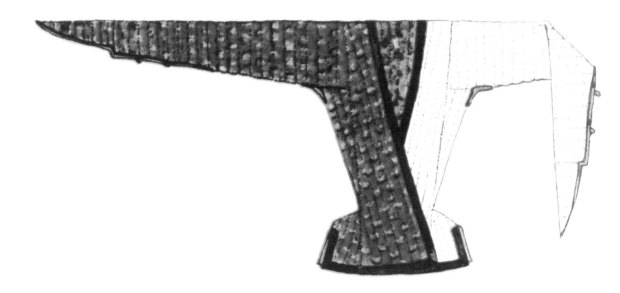

图 62　高加索东南部
来自达吉斯坦的鞑靼女式短款夹克连衣裙

这件夹克成衣于 19 世纪初，面料为质量上乘的老
式锦缎，内衬为印花布，且有绗缝，接缝处用丝带镶
边。这件服饰常采用窄袖设计且底部半开，内衬另色
锦缎，采用波斯风格剪裁。

原作现藏于第比利斯高加索博物馆。

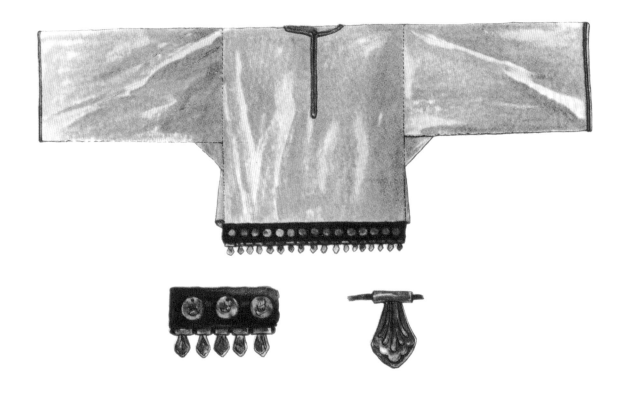

图 63　高加索东南部
一位鞑靼妇女的衬衫和发袋

这件衬衫的面料为高加索地区广受欢迎的闪光绸。
前面的下摆上有一条黑色缎带，上面有硬币装饰。下
摆的下半部分饰有金片，金片固定在小管上；一条绳
子从小管中穿过。

高加索东南部的女性习惯将头发包在发袋中，这
种发袋底部开口，并且可以绑在脖颈和后脑勺中间，
使其前面紧贴于额头。这些发袋的材质多为印花布或
丝绸，两端均用穗带镶边。

原作现藏于第比利斯高加索博物馆。

19 cm

9 cm

图 64 高加索东南部
一位莱斯格哈（Lesghian）妇女的衬衫

这件衬衫同上一件衣服一样，可以追溯到 19 世纪初，用质量上乘的老式丝绸锦缎与金银线交织而成，是高加索衬衫的常见款式。

原作现藏于第比利斯高加索博物馆。

图 65　高加索东南部
一位阿瓦尔妇女的天鹅绒卡夫坦

这件衣服的剪裁类似于 "archaluk" 或半罩袍
（beshmet）。下摆和接缝处饰有金色穗带，装饰性的
珐琅吊坠挂在紧身胸衣的接缝处。

原作现藏于第比利斯高加索博物馆。

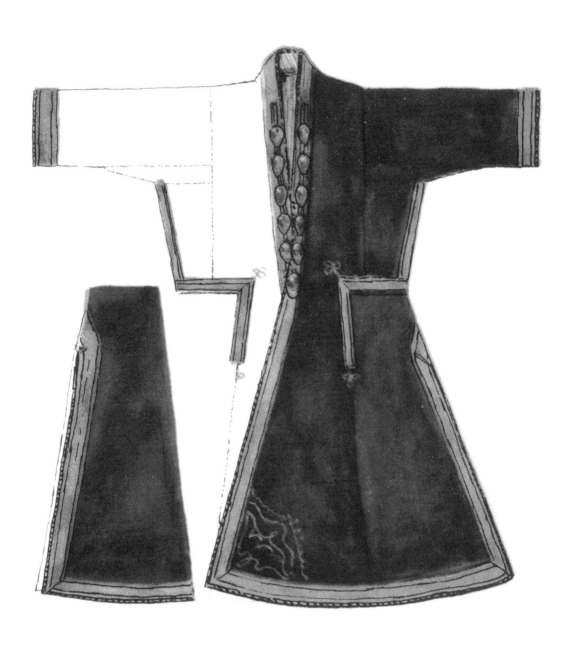

图66 高加索东南部
乌丁族（Udin）女式衬衣和衬裤

这两种服饰分别是高加索东南部典型的衬衣和衬
裤，面料为印花布。

原作现藏于第比利斯高加索博物馆。

图67和68　高加索东南部

莱斯格哈大衣

这种衣服由结实的蓝黑色毛料制成，波斯风格裁剪。长袖两端开衩，仅松散地缝住下面，后面通常垂下或叠起。衣身和袖子以金色穗带作为装饰，衬里面料是印花布。

莱斯格哈人不在衣服的胸口处缝子弹袋，而是用绳子将皮革弹匣吊在肩上。

原作现藏于第比利斯高加索博物馆。

图 69　高加索东南部
莱斯格哈夹克（"archaluk"或半罩袍）

半罩袍（beshmet）的面料为棉，与大多数此类
衣服一样，也采用绗缝设计。裤子是用粗糙的羊毛面
料制成，剪裁为波斯风格。

图中还展示了羔羊皮帽子帕帕卡。

莱斯格哈人的黑色高筒皮靴有向上弯曲的长鞋底，
鞋跟是铁底的。

原作现藏于第比利斯高加索博物馆。

图 70　高加索西南部
来自阿恰尔齐奇（Achalzich）的亚美尼亚女式
卡夫坦

这件卡夫坦由条纹羊毛与丝绸交织而成，衬里面料是苎麻。长长的"假袖子"看上去像是来自另一件不同颜色的衣服，袖口有凹痕，袖子上缝有金线绳。穿在卡夫坦外面的亚美尼亚围裙也是一样的装饰。

图中还展示了阿恰尔齐奇地区亚美尼亚女性佩戴的带长丝绸流苏的红色帽子。

原作现藏于第比利斯高加索博物馆。

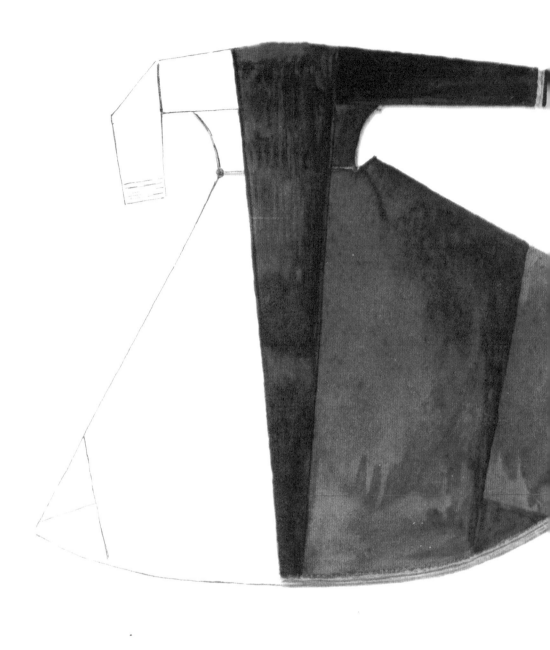

图 71　高加索西南部
来自阿尔特温（Artwin）的亚美尼亚女式衬衫

这条裙子的剪裁和用途与土耳其"djubbeh"相
似，材质为红色天鹅绒，内衬印花布，饰以金色线绳
和绿色镶边。

原作现藏于第比利斯高加索博物馆。

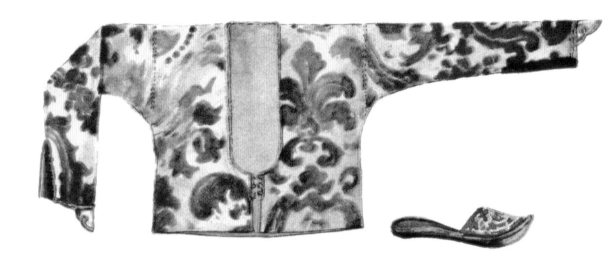

图 72　高加索西南部
来自阿恰尔齐奇的亚美尼亚女式夹克和女式长裤

这件夹克的版型与土耳其"mintan"带袖内穿夹克相同，由锦缎制成，饰有金色线绳，袖口有波斯库尔德风格的纽扣和一个三角形。

这条裤子由条纹棉和丝绸交织而成。

原作现藏于第比利斯高加索博物馆。

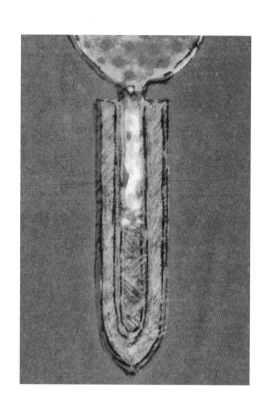

图73 高加索西南部
埃里温附近纳奇采夫区的亚美尼亚女式衬衫

这件衣服主要由红色塔夫绸制成。出于节约的目的，颈部下部和上臂等被罩袍覆盖不外露的部分用棉织物代替。胸部开缝处饰有金色穗带。

原作现藏于第比利斯高加索博物馆。

图 74 叙利亚和库尔德斯坦
短款内穿夹克 "tshepks"

这种夹克由编织纹样丰富的布料制成，有开放式
垂袖。叙利亚卡瓦塞人（Kavasses）和埃里温库尔德
人会把它们套在"mintan"或条纹袖背心外面。这件
深红色夹克的衬里是橄榄绿天鹅绒。从波斯西部一直
到巴尔干半岛的人们都穿着这种夹克。

原作现藏于第比利斯高加索博物馆，之前为根茨
藏品。

图 75　叙利亚和库尔德斯坦
宽松棉布长裤

这种长裤采用斜裁工艺，装饰有华丽的金线，属
埃里温地区库尔德人的服饰。叙利亚地区也有相同的
服饰。

原作现藏于第比利斯高加索博物馆。

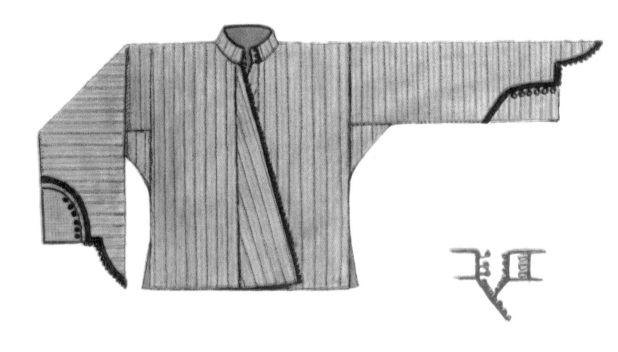

图 76　小亚细亚、高加索南部和叙利亚
卡尔斯土耳其人和埃里温库尔德人的带袖背心

这种背心可以穿在土耳其蓝色棉布夹克、"salta"
或"tshepks"里面。

原作现藏于第比利斯高加索博物馆。

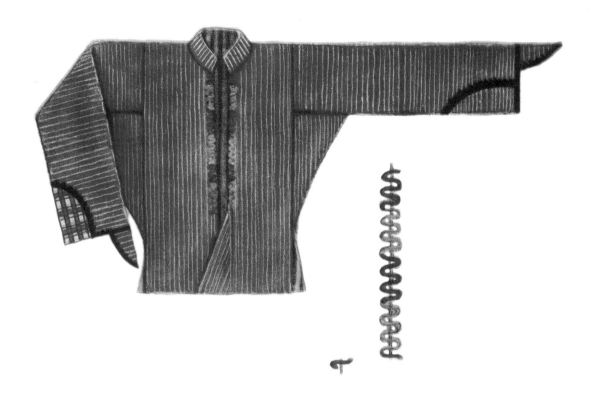

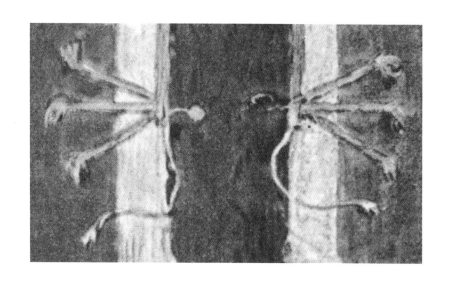

图 77 库尔德斯坦、叙利亚和波斯西部
库尔德人的冬季外套,"mashla"版型

这件外套类似于加了方袖的阿拉伯式长袍(aba),
面料为一种类似地毯织物的羊毛织物,内侧有长羊毛。
这种面料也常用来制作黑色高加索布尔卡(burka)。
前开缝处可用绳结系在胸口上部。土耳其人还通常使
用蓝色线绳作为装饰。

两侧各有一个毛皮帽子,上面像杜尔班(turban)
一样缠绕着许多彩色及黑色布料。

原作现藏于柏林民族博物馆。

图 78 高加索南部
女式连衣裙

　　雅兹迪（Jeziden）女式连衣裙，面料为红色天鹅
绒，带围裙和围兜。

　　原作现藏于第比利斯高加索博物馆。

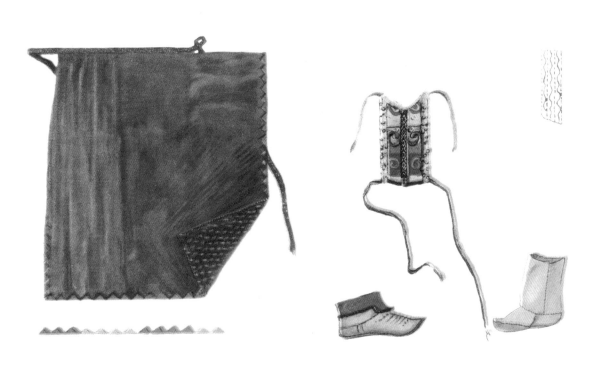

图 79　高加索南部
夹克和长裤

这套服装由灰黑色的硬质呢料子松散编织而成，接缝处绣有黄色和绿色丝绸线。夹克袖子下面敞开，内衬红色印花布。编织材料宽 26~28 厘米，中间有一条看起来像是熨烫产生的折痕。

原作现藏于第比利斯高加索博物馆。

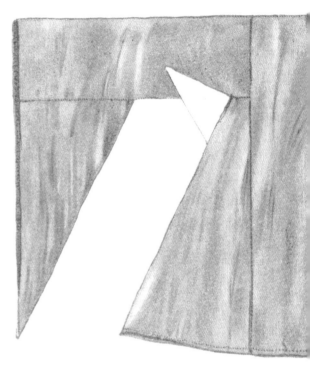

图 80　高加索南部
库尔德人的坎肩和衬衫

这种独特的坎肩由厚毛毡编织呢料子制成，约 1 厘米厚。由于坎肩的面料比较厚，所以只能将外边缘缝在一起。这种厚料同样有图 79 所示的折痕。

这件衬衫由苎麻制成，带有尖角垂袖，如果不方便的话，可将袖子裹在腰部或扣上袖口背面的扣子。

库尔德人佩戴毛毡帽，帽子周围裹着黑色和彩色布料。

原作现藏于第比利斯高加索博物馆。

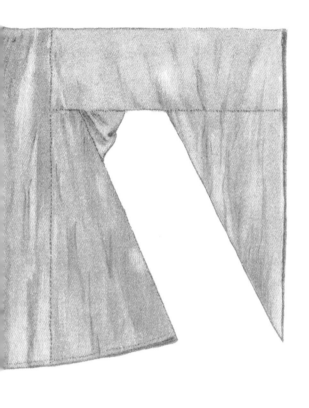

图 81　波斯

一件来自阿塞拜疆阿尔达比勒省的阿拉伯式长袍

这件斗篷由厚实的棕色羊毛料和金线织成。正面（图中未展示）与图 31 中的阿拉伯式长袍款式相同。背面的装饰很独特。这并非只是波斯特色，近东其他地区的阿拉伯式长袍也常以这种方式装饰。

原作现藏于第比利斯高加索博物馆。

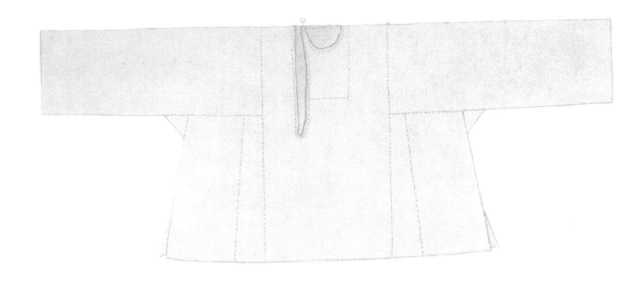

图 82　波斯

波斯衬衫和长裤

　　波斯衬衫的特点是从颈部开口处向下延伸出侧开衩。

　　波斯长裤大多为黑色或蓝色面料，直裤筒，臀部加宽。

　　一位波斯年轻人头上戴的是最受欢迎的"kula"、羊毛帽或圆顶状毛毡帽。

　　原作现藏于第比利斯高加索博物馆。

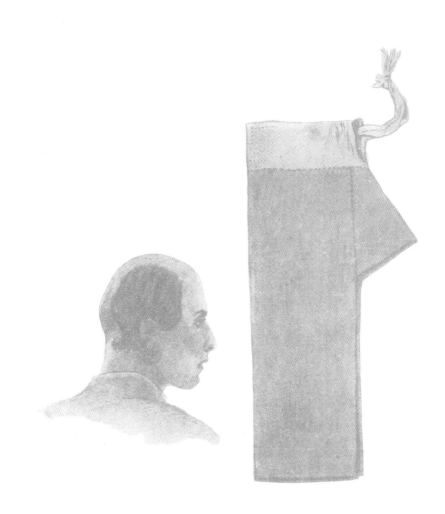

图 83 波斯，阿塞拜疆
波斯大衣

与源自波斯的高加索夹克一样，波斯大衣也是夹克和大衣的结合。它通常由天然驼绒制成并装饰有深色线绳。

原作现藏于第比利斯高加索博物馆。

图84　阿富汗

阿富汗衬衫和羔羊皮夹克

　　阿富汗衬衫的特点是颈部位置开口较大，且两边都可以扣上。它属于波斯萨珊王朝服饰的一种（参见图92、28和16）。

　　羔羊皮夹克带有肩缝，内里为羊毛，饰有丝棉刺绣。

　　帽子，绗缝金色锦缎，内衬红色印花布。帽子外面缠绕着一块大杜尔班（turban）。

　　原作为私人藏品。

图 85　阿富汗
裤子

图中展示的裤子在阿富汗还不是最宽的。裤子通过一条针织丝带以褶皱的方式贴合腰部，通常由白色平纹细布或衬衫面料制成，有时使用蓝色条纹棉布制成。

原作为私人藏品。

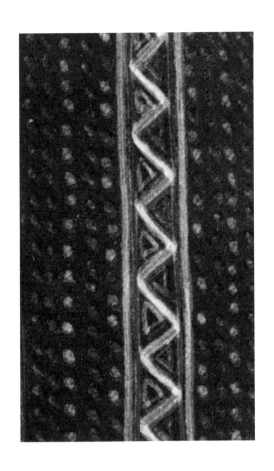

图 86　阿富汗
阿夫里迪女式衬衫

　　这件衬衫由染成深蓝色的结实的羊毛制成，并涂有黄色、红色和灰色的黏附性好的蜡作为装饰。灰色条纹用云母粉涂过。除了一块黑色的小三角形外，衣服两边都用同样的方式装饰。

　　原作现藏于柏林民族博物馆。

图 87　克什米尔
拉合尔锡克教王子的外套

　　这件衣服由山羊绒制成。衬里为覆盆子色和绿色
塔夫绸，织边采用另一颜色，同时也有装饰效果。衣
服上缝有细金线作为装饰（非刺绣），肩缝非常明显。
这件衣服一般搭配一条深红色带有白色条纹的紧身丝
绸长裤穿着。

　　杜尔班由精细的平纹细布制成，并带有交织而成
的金丝边。杜尔班褶皱中固定有一根用黑色苍鹭羽毛
制成的头饰。

　　原作现藏于柏林民族博物馆。

图 88　克什米尔

一位上流社会成员的外衣

这件外套由绿色山羊绒制成，其装饰与上一幅图
中的外套非常相似。它的肩缝也非常明显。

原作为私人藏品。

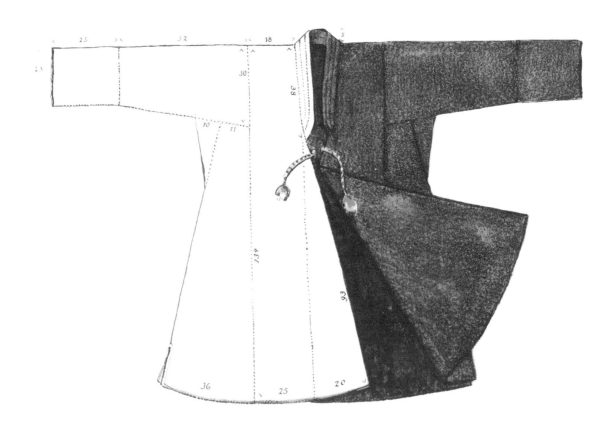

图 89　旁遮普，克什米尔

驼绒罩袍，"tshoga"

旁遮普的"tshoga"会让人联想起中亚服饰。"tshoga"通常有肩缝，胸前开缝处以编成辫子的丝线系合。

原作现藏于柏林民族博物馆。

图90　旁遮普

男式衬衫和长裤

男式衬衫：由苎麻制成，波斯式领口（参见图82）。

男式长裤：克什米尔面料，宽松版型。

原作现藏于柏林民族博物馆。

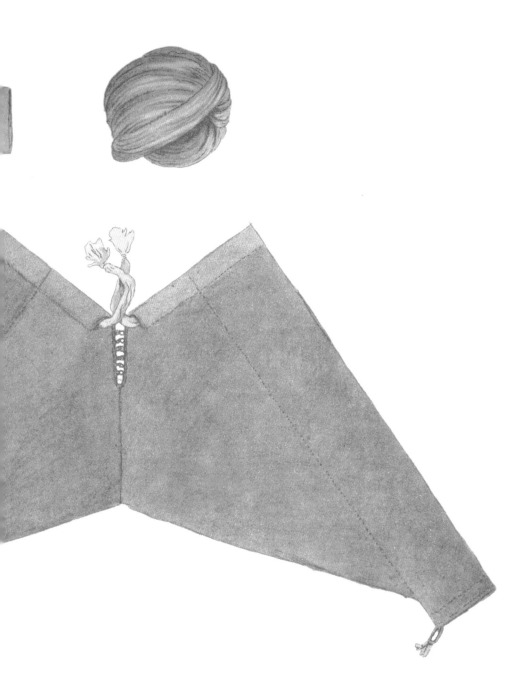

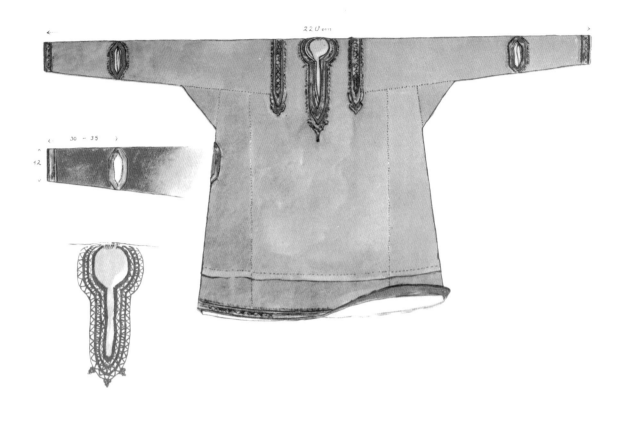

图 91　旁遮普，克什米尔
　　　　女式服饰

这些服饰由山羊绒斜织而成，带有穗带和刺绣。
　克什米尔的女性和男性一样，都穿比较紧身的裤子。这些裤子通常为条纹款式，面料为真丝或纯棉。
　原作现藏于柏林民族博物馆。

图 92　印度
女式衬衫

面料为精细的轻质棉，采用最受欢迎的扎染工艺
制成。领口下方的三角形装饰由丝绸刺绣、小块红布
和小圆玻璃片组成。领口版型与阿富汗衬衫相同（参
见图 84）。

原作为私人藏品。

图93 印度
女式和女童连衣裙

儿童连衣裙由闪光塔夫绸制成，带有红色丝棉刺
绣。（信德省海得拉巴）

俾路支省女式小夹克（"tsholi"）。（旁遮普）

印度教乡村女性的结婚夹克。（旁遮普）

儿童衬衫（"khurti"），面料为衬衫布。（木尔
坦市）

"khurti"属于节日服饰，面料为粗棉布，印涂有
白色水彩，这种装饰被认为是在上面仿绘一件衣服
（参见图12）。

拉杰普塔纳地区比卡内尔市的乡村女性所穿的小
夹克，面料为粗棉布，常用棉线和小玻璃片刺绣。

原作现藏于柏林民族博物馆。

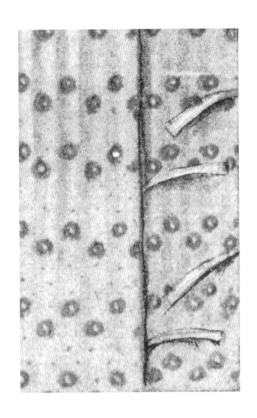

图 94　印度

印度教夹克

印度教夹克，古代蒙古服饰样式，轻质棉面料。

多蒂（dhoti）：一块棉布，织边（通常为彩色）；
印度人用来做腰布或绑腿。

原作现藏于柏林民族博物馆。

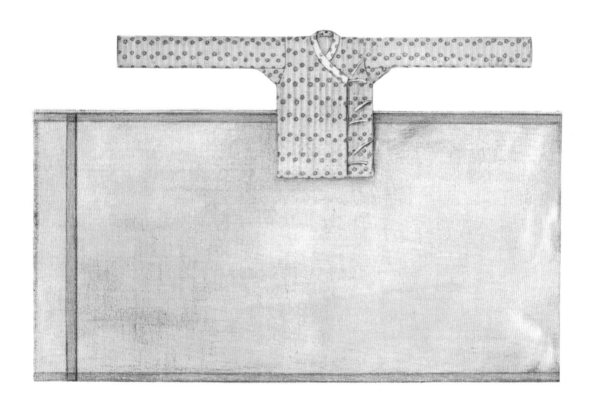

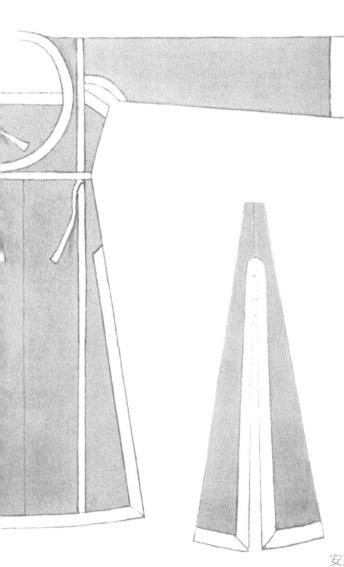

图 95　印度

安加尔卡（angarkha），巴哈瓦尔布尔市

安加尔卡是印度民族服饰，为适应印度的气候，通常用白色平纹细布制成，有时也用印花布、丝绸或各种颜色的呢料子制成。

原作现藏于柏林民族博物馆。

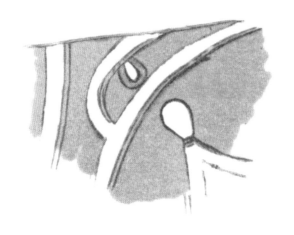

图 96　印度

夹克和裤子，巴哈瓦尔布尔市

　　这件夹克的版型像短款安加尔卡。衣襟的上角可以扣在颈部的一侧。宽松长裤和夹克皆由苎麻制成，裤子的版型让人想起波斯风格的直筒样式，开衩处有一弯曲部分。从勒克瑙到孟加拉，这种衣服都很常见。

　　原作现藏于柏林民族博物馆。

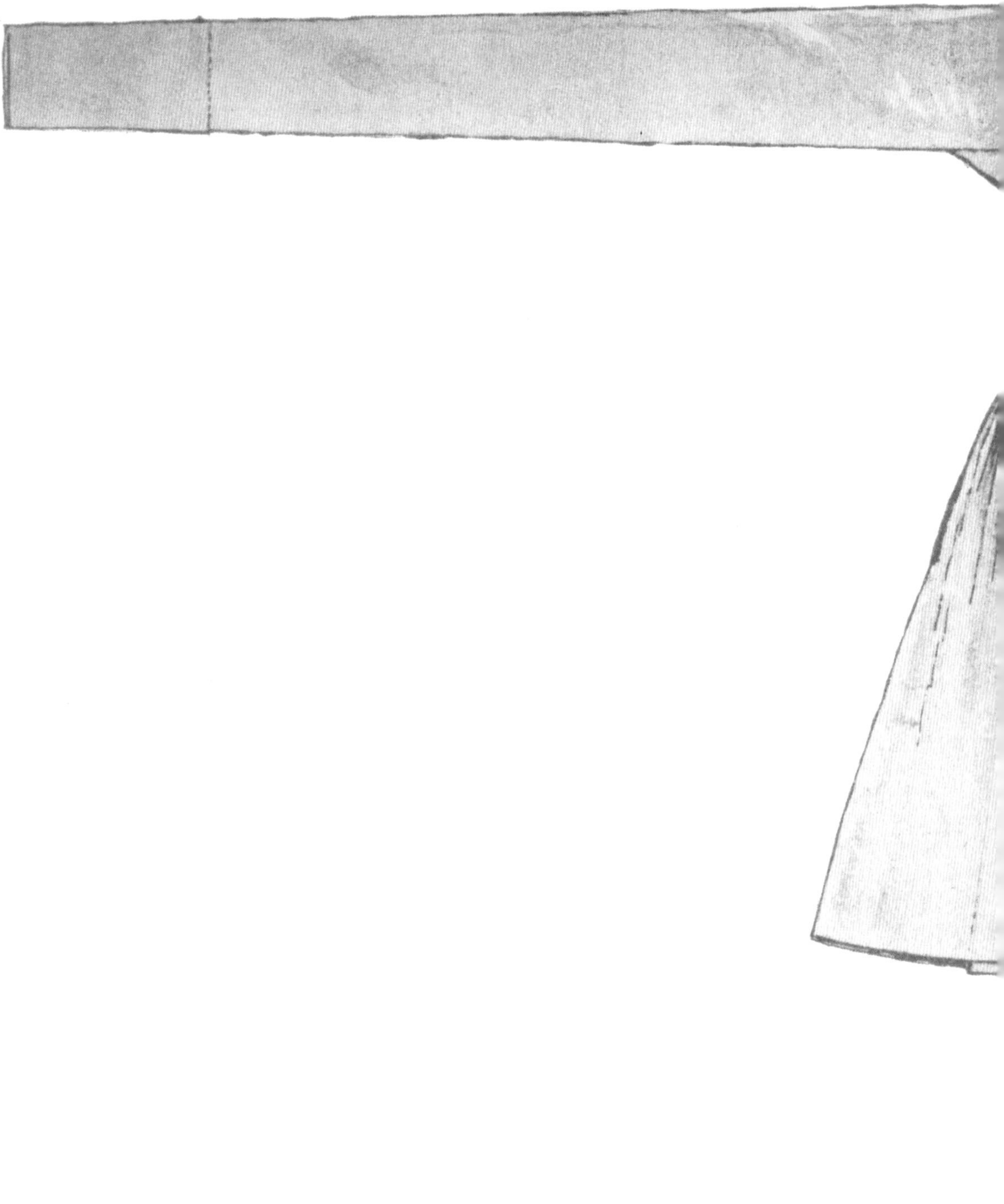

图 97 印度孟买
帕西服装（Parsee garment）

这件衣服是安加尔卡的缩小款。其袋盖固定在颈部右侧并可系于颈部右上位置。其臀部上方的三角布带裙裥，与中世纪长袍类似。超长的袖子则塞进一串小裙裥之中。这种服装由白色衬衫布制成，并用缎带系紧。

原作现藏于柏林民族博物馆。

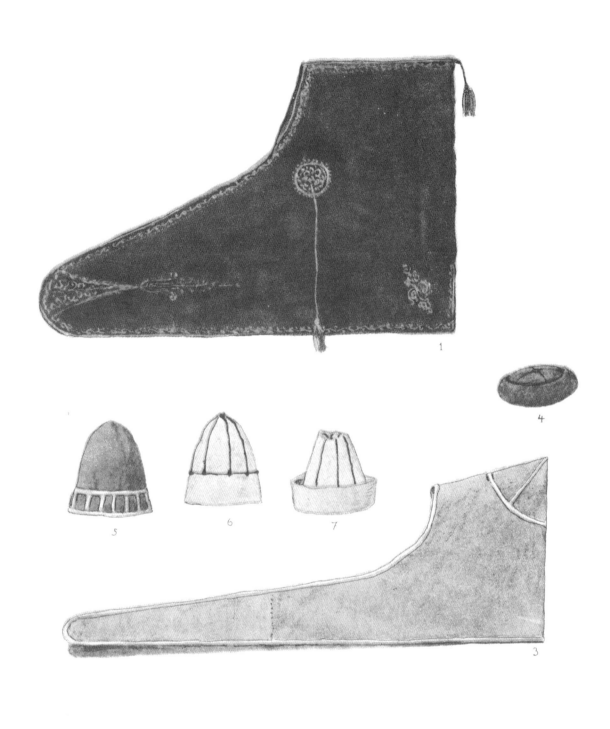

图 98　远印度，阿萨姆邦
米基尔地区的男式斗篷（"simphong"）

原作现藏于柏林民族博物馆。

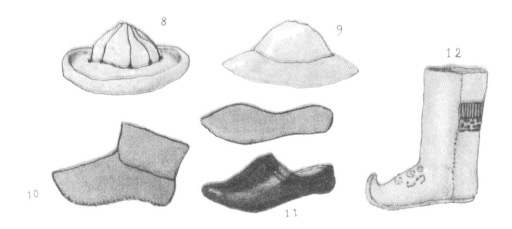

图 99　远印度，缅甸
卡西族女式斗篷状上衣（"simphongshad"）

这件衣服呈红色，装饰有多种布料缝制而成的纹样，纹样下方缝有波斯—印度风格的丝线。下摆处缝有丝线制成的长条纹花边。

原作现藏于柏林民族博物馆。

图 100　远印度，缅甸

男式短外套（"eng-kji"，"eng tshi"）

　　衣服的上半部分由亮白色印花布制成，内部由厚棉絮填充绗缝。外套上襟盖扣在下方，为此外套内衬处缝有一排翘边。

　　另一件外套由细棉材料制成，内衬填料较为粗糙。这种服饰同样有绗缝，但边缘处有一排黄色细纱制成的刺绣装饰。

　　原作现藏于柏林民族博物馆。

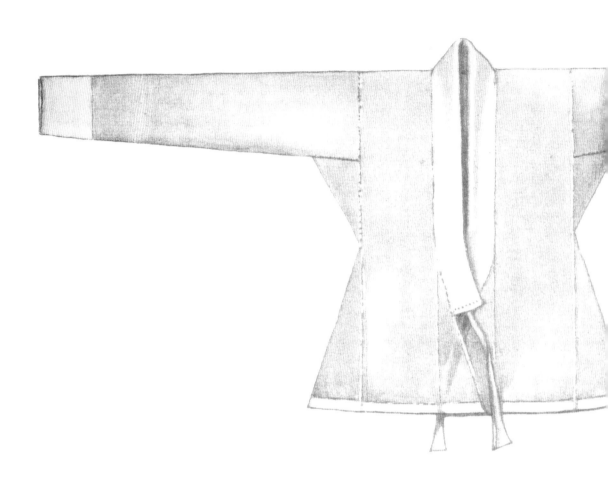

图 101　远印度
来自缅甸的女式外套（"eng gji"），轻质棉料
来自越南北部的衬裙（"man coe"）

这件衣服由染成蓝色的结实棉质面料制成，辅以
刺绣及缝制在玻璃念珠串上的绒球、流苏等装饰物。
原作现藏于柏林民族博物馆。

图102 中国西藏
男式棕色斜织羊毛毡服装

原作现藏于柏林民族博物馆。

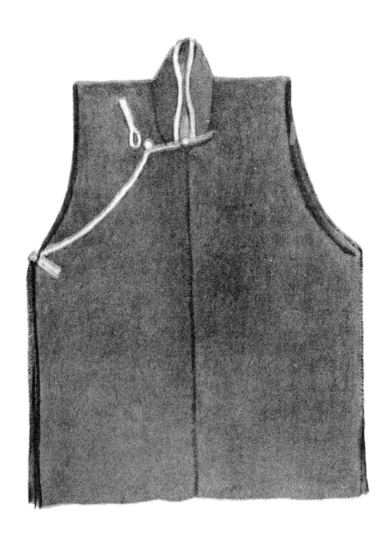

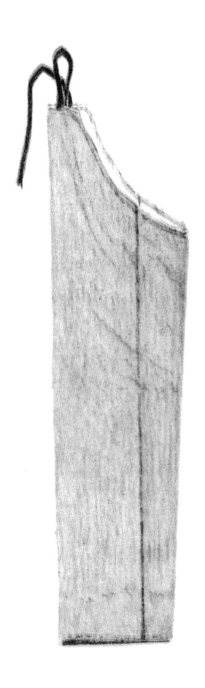
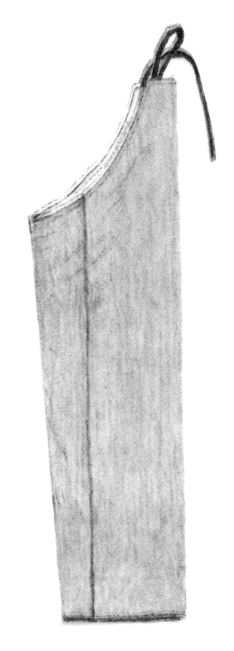

图103 中国西藏
男式坎肩

这件坎肩由呢料子制成，内衬亚麻材料。其剪裁
具有蒙古式风格的特点。脚饰带由蓝色亚麻布制成，
按古波斯的方式系在腰带上（参见图28）。

原作现藏于柏林民族博物馆。

图 104　中国西藏

藏传佛教僧服

这件僧服由斜织粗羊毛制成。帽装由毛织品编织
而成，并以棉料做内衬。

原作现藏于柏林民族博物馆。

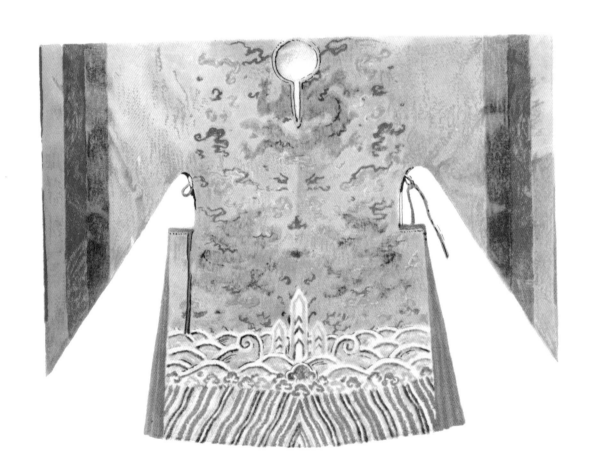

图 105　中国西藏
藏传佛教舞蹈用斗篷

这件衣服由黄色绸缎制成，饰有中国风格的花纹，内衬苎麻。袖子由条状丝绸锦缎制成，内衬红色印花布。底部侧面同样衬有多层折叠收起的 108 厘米宽大印花布。

原作现藏于柏林民族博物馆。

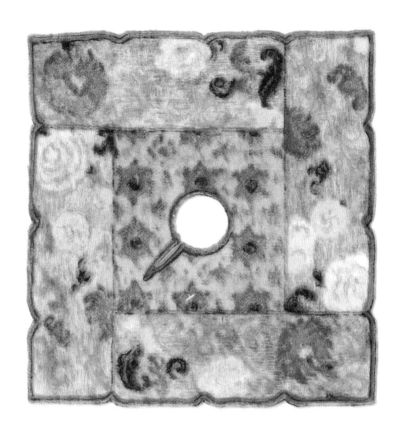

图 106　中国西藏和亚洲西南部草原

披肩领

　　这些披肩领由产自中国的锦缎制成，内衬苎麻，一般穿在藏传佛教礼服的外面。右侧图中的披肩领为喀尔玛克（Kalmuk）神职人员所穿，面料为缎子，前部有开衩。

　　原作现藏于柏林民族博物馆和斯塔夫罗波尔博物馆。

图 107 中亚
官服，布哈拉官员所穿的尊贵服饰 "chalat"

这套服饰由天鹅绒面料制成，内衬所用的材料被
称为 "安集延丝绸（Andidjan silk）"。服饰上部装饰有
用银线绣成的玫瑰花结图案。褶边用黄色天鹅绒绣成。
原作现藏于柏林民族博物馆。

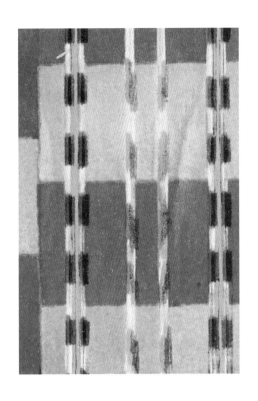

图 108 中亚
苎麻内衬丝绸大衣

该服饰有一圈长裙边，这是所有 "chalat" 服饰的共同特点，并且其穗带上有丝绸制成的图案。这件中亚服饰还被称为 "tshapán"，而 "chalat" 这一说法更常用于指礼服。

原作为私人藏品。

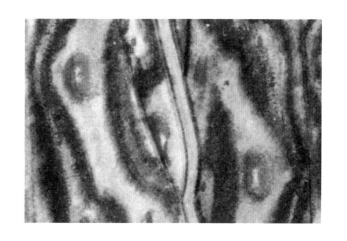

图109 中亚
男式衬衣

采用棉质印花布做内衬，轻薄型绗缝，并由柔软
且带图案的波纹绸面料制成。其下身可系于腰部，而
上身可系于胸部。

原作现藏于柏林民族博物馆。

图110 中亚

衬衫和长裤

两种服装全部由结实的苎麻制成。颈部和口袋边缘的开口通常有彩色镶边装饰。注意臀部的原创剪裁方式。

原作现藏于柏林民族博物馆。

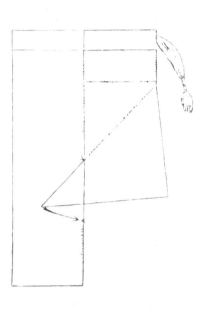

图 111 中亚
女式长裤（"izar adras"）和马裤（"tshim"）

左侧裤子由半丝织物制成，并带有云纹。

右侧为黄色丝绸刺绣羊皮马裤。小腿部分饰有毛皮，内衬印花布。

原作现藏于柏林民族博物馆。

图 112 中亚
女式大衣

由红色天鹅绒制成，并绣有银线。内衬面料通常
为安集延丝绸。该服装侧边的褶皱从袖口一直延伸到
臀部。
原作现藏于柏林民族博物馆。

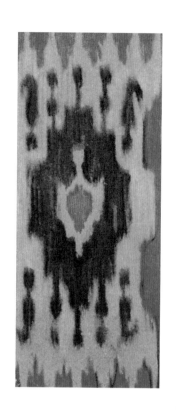

图113 中亚
女式宽松睡衣

由安集延波纹绸制成。
原作现藏于柏林民族博物馆。

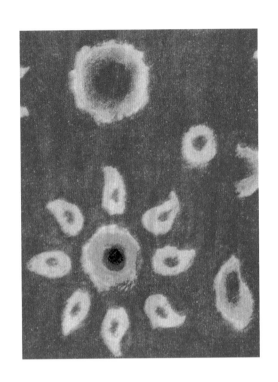

图114　中亚
女式宽松睡衣

　　由质地非常轻盈柔软的丝绸制成。上面的图案是
通过一系列的调色、填充、扎染等工艺制成。
　　原作为私人藏品。

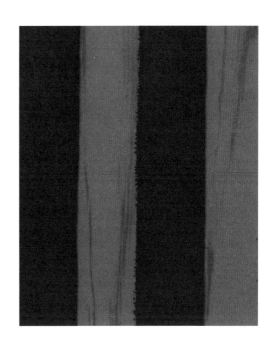

图115　中亚
女式宽松睡衣

　　该服饰由双色条状布料缝合而成，面料为被称为
"hissarish"的丝绸。这些条状布料宽32厘米，由浅红
色和紫色的闪光半丝粗织而成。
　　原作现藏于柏林民族博物馆。

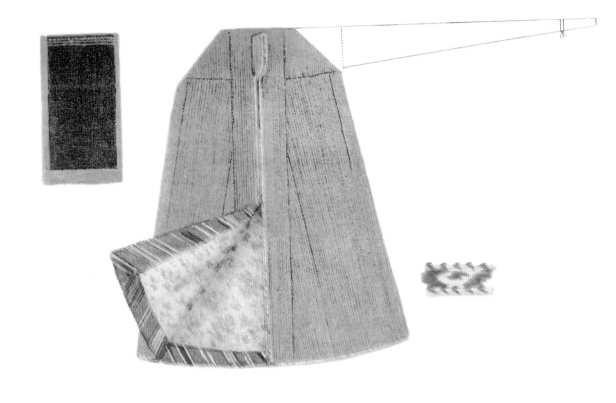

图116和117　中亚

女式外出斗篷（"tarantshi alatsha"）

　　两图分别为前视图和后视图。该斗篷由结实的条纹棉织品制成，内衬印花布。内衬边缘缝有一根彩色棉条，接缝处用丝绸镶边。颈部开口位于斗篷上部。超长的袖子垂在斗篷后部，起到装饰性作用，且在尾部相连。萨尔特族女性出门时，脸上会戴上一层由马鬃编织而成的硬面纱，称为"tshashpant"。

　　原作现藏于柏林民族博物馆。

图 118　中国新疆莎车或和田
棉大衣

这件衣服由 19 厘米宽的半丝材料（被称为
"maceru"）制成，内衬为染色粗棉布。该服饰为
土耳其-蒙古风格，装饰有带环绳的黄铜组扣。领
部为高领设计，饰有黑色细绳。

原作现藏于柏林民族博物馆。

图 119 中国新疆莎车
女式外出服

　　裙身为黑色，绿色下摆，由结实的亮色印花布制
成。衬里为粗制极白棉。上身的细绳装饰由丝绸穗带
编织而成。
　　原作现藏于柏林民族博物馆。

图 120　中国新疆库车
女式服装

由轻薄棉质面料制成，材质类似锦缎。刺绣为波斯风格，由红色和绿色的丝绸组成。衣领和前开口周围的细绳装饰由波斯织锦制成。

原作现藏于柏林民族博物馆。

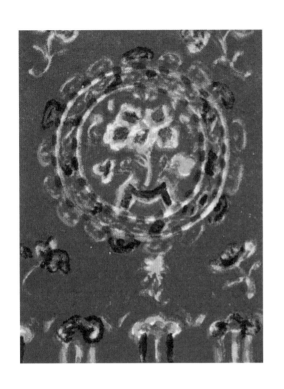

图 121　中国新疆库车
女式内衣

由中国丝绸制成，装饰有中式风格的彩色刺绣。
颈部的开口可通过两侧的绳子打开。

原作现藏于柏林民族博物馆。

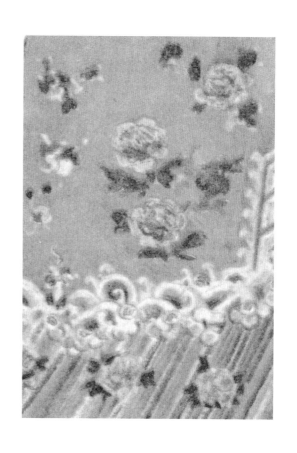

图 122　中国新疆
准噶尔女袍

面料为缎面，丝绸衬里，绣有中式图案，但略微
弯曲的细绳装饰呈现出土耳其风格。背部有接缝。
原作现藏于柏林民族博物馆。

图 123　中国

男式外套、坎肩、凉帽

　　外套由丝绸制成，无衬里，窄袖，左臂以下闭合。

　　坎肩装饰有黑色薄纱状面料，由此浅蓝色亚麻布料可透过该面料呈现出来。和所有的中式服装相同，这件坎肩的前片和后片中间也有接缝。

　　蒂尔克藏品。

图 124　中国
上层阶级女式外套

由丝绸制成，带有与织锦风格类似的交叉编织图案。内衬为苹果绿色丝绸。

原作现藏于 E. Fritsche 位于柏林威廉大街的中国商品店。

图125 中国

男式坎肩、长裤、帽子

坎肩正面为垂直系扣设计，采用土耳其-蒙古风
格，面料为蓝色棉料。带有文字的圆形部分由光面面
料制成。这种服饰是供官员和军人穿着的。

裤子由结实的黑色丝绸制成，搭配棉质腰带。

帽子由黑色缎面制成。

蒂尔克藏品。

图126 日本
和服，男式外套

由带图案的半丝面料制成，衬里为柔软的丝绸。
和服上系有一条腰带，背部中间有一条垂直缝。
蒂尔克藏品。

图 127　日本
男式外套（"haori"）

　　内部填充有少量棉絮，由半丝面料制成，格子图
案，衬里为黑纱。该服装在穿着时，用编好的丝线系
在身上。袖子会作为口袋使用。背面采用接缝设计。
　　蒂尔克藏品。

图 128　日本库页岛
阿伊努男裙（"atooshi"）

这件服饰是由"atooshi"树的树皮切成细条，使
用原始织机织成服装材料而制成。

装饰物由粗棉布条与装饰线条交织而成。

图中展示的分别是其中一件服饰的正面，以及另
一件服饰的背面。请注意背面中间的接缝。

原作现藏于柏林民族博物馆。